"十四五"职业教育部委级规划教材

U0734337

FUZHUANG MAICHANG

CHENLIE JIYI

服装卖场
陈列技艺

李 卉 蒋智忠 ◎主 编

何 薇 李 雯 ◎副主编

中国纺织出版社有限公司

内 容 提 要

本书循序渐进地讲授服装卖场陈列技艺实用的理论知识与技巧，以职业技能为导向，采用任务式教学法。主要内容包括：基础知识——陈列员岗位认知、面料识别与保养、服装造型基础知识、色彩认知与联想、POP字体与海报设计，素养技能——陈列道具认知及应用、上衣叠装陈列、裤子叠装陈列、人模展示陈列、正挂侧挂陈列、陈列组合形式、陈列色彩应用规律等，这些知识均为服装陈列与展示设计专业学生入门需掌握的基础知识与基本技能。

本书可供中等职业学校、高等职业学校服装陈列与展示设计专业的师生及服装企业从事陈列相关工作的专业人员参考阅读。

图书在版编目（CIP）数据

服装卖场陈列技艺 / 李卉，蒋智忠主编 ；何薇，李雯副主编 . -- 北京 ：中国纺织出版社有限公司，2024.8. -- （"十四五"职业教育部委级规划教材）.
ISBN 978-7-5229-1974-4

Ⅰ. TS942.8

中国国家版本馆 CIP 数据核字第 2024YH0301 号

责任编辑：孔会云　朱利锋　　责任校对：高　涵
责任印制：王艳丽

中国纺织出版社有限公司出版发行
地址：北京市朝阳区百子湾东里 A407 号楼　邮政编码：100124
销售电话：010—67004422　传真：010—87155801
http://www.c-textilep.com
中国纺织出版社天猫旗舰店
官方微博 http://weibo.com/2119887771
北京通天印刷有限责任公司印刷　各地新华书店经销
2024年8月第1版第1次印刷
开本：787×1092　1/16　印张：8.5
字数：140 千字　定价：58.00 元

前 言

随着时尚产业经济结构转型升级和加快推进工业化进程，特别是以人工智能为代表的新一代信息技术革命的迅猛发展，一大批新技术、新业态、新职业、新岗位、新工种不断问世，技术技能新标准、职业岗位新要求也随之颁布，传统的"一技之长"人才培养要求已经不再符合"一人多岗、一岗多能"的现实需要，服装陈列与展示设计专业也应运而生。服装陈列师正在用自己独有的创新思维将一个个毫无生命力的产品注入新的活力，使它栩栩如生，并充分体现出产品的价值。

由于现在的店铺陈列师大多没有经过系统的学习，仅运用简单的道具与服饰进行搭配即完成了新品陈列，这种陈列手法单一呆板又缺少新意和主题想法，能让消费者驻足观看的服装店铺为数不多。面对新专业与新岗位的市场需求，职业院校只有与时俱进，才能进一步满足时尚产业对高素质复合型技术技能人才的需要，满足学生面向未来就业及职业生涯发展的需要。

"服装卖场陈列技艺"课程共分为四个模块：基础知识、素养技能、陈列技术、陈列管理。本书的主要内容包括两个部分：基础知识篇和素养技能篇，共15项任务。本书的教学内容也适用于"服装卖场陈列技艺"的在线微课程，内容丰富有趣，知识点讲解详细，能大幅提升学习者的理论水平与实践技能。本书引入"活页式"教材的理念，可作为服装陈列设计"I+X"职业技能等级证书培训的参考教材。本书在编写过程中注重图文并茂，遵循"概念提炼、概念讲解、知识导学、活动设计、活动评价"的框架，基于"工作任务"组织设计教材体例结构，并按照服装陈列与展示设计专业学生入门级的学习情况，递进式讲解课程知识，讲练结合，层层递进，最终达到学习知识与掌握技能的目的。

　　本书是广西纺织工业学校服装陈列与展示设计专业教学团队在教学与实际运用、教育和培训中积累的经验和教学案例总结的成果，为此编写团队凝心聚力共同进步。在此，谨向给予我帮助的编写团队教师们表示感谢，感谢为本书出版付出努力的老师们。

　　在本书编写过程中，由李卉、蒋智忠负责主要内容编写和统稿工作，何薇、李雯负责部分编辑及核对工作，马宇丽、欧利惠、康静参与编写。

李卉

2024 年 3 月

目　录

模块一

基础知识篇

工作任务一
服装陈列设计概述

视觉信息传达——树立品牌形象，传递品牌文化精神

陈列是最优秀的商业艺术

营销管理推广——突出产品设计卖点，提供搭配方案

职业能力

· 能识记陈列的概念和目的、陈列的含义、陈列的形态。

核心概念

· 陈列的含义：陈指陈设，强调"摆放"；列指排列，强调"有序"。

· 陈列的形态：自然形态、非自然形态。

· 陈列的常用形式：吊、叠、挂、摆。

一、基本知识

店铺陈列除了展示商品和体现品牌文化，也像一个"无声的推销员"，吸引顾客的注意力，并提高顾客的进店率。每一处陈列都有它的故事，每一个故事都是一段美的享受。店铺陈列效果图如图1-1所示。

图1-1　店铺陈列效果图

（一）陈列的概念和目的

随着时代的更替与发展，许多新兴行业不断崛起，陈列师也应运而生。陈列师用自己独有的创新思维将一个个毫无生命力的产品注入新的活力，使它栩栩如生，并充分体现出产品的价值。由于现在的店铺陈列师大多没有经过系统的学习，仅运用简单的道具与服饰进行搭配即完成了新品陈列，这种陈列手法单一呆板又缺少新意和主题想法，所以能让消费者驻足观看的服装店铺为数不多。

陈列的英文名称有很多，Display、Visual Presentation、Visual Merehandising，是指运用特定的技术和方法展示商品，创造理想的购物空间（图1-2），是一种以视觉吸引力来推销产品的方法，并以此刺激销售、诱导顾客做出购买决定和行为。

"陈"指陈设，强调"摆放"；"列"指排列，强调"有序"，陈列是将商品进行有序的摆放。它是一门综合性的学科，涵盖了人体工程学、营销学、视觉艺术等多门学科，是卖场终端最有效的营销手段之一。一名好的陈列员既要有扎实的陈列基础知识，又要对品牌的风格、顾客的购买心理、产品的销售有一定的研究。

陈列不仅仅是布置橱窗、整理卖场的服装与道具，还需要通过对服装卖场的产品、橱窗、货架、道具、模特、灯光、音乐、POP海报、通道等一系列卖场元素进行有序的组

图1-2　购物空间

织和规划，最终达成销售。

（二）陈列的形态

事物的形态是指它的形状或呈现的效果。服装卖场陈列的形态则指服装在卖场中使用不同的陈列手法，使服装与产品呈现出不同的组合和造型。陈列按其形成的状态可分为自然形态和非自然形态。

（1）陈列的自然形态。陈列体现在生活的每个角落，社会的各行各业及形形色色的职业都蕴含着陈列的痕迹。但是其自然的形态是缺乏一定的秩序和陈列手法与技巧的，更谈不上美感与艺术感了。由于人们不重视陈列设计的科学性与视觉营销效果，使许多商品处于一种最原始的状态，没有体现出产品的商业价值感。因此陈列的自然形态存在范围比陈列的非自然形态要广一些，但依然容易被人们忽略。

（2）陈列的非自然形态（图1-3）。随着人们生活水平的不断提高，对美的追求也日益强烈，这促使商家对产品的销售从产品使用效果和功能等往产品的外观展示及视觉营销方向引导。而经过人为的操作，再结合专业的美学知识进行有意识的设计、规划，就能焕发产品的勃勃生机。其带来的商业价值与经济效益已经被人们重视起来，陈列的非自然形态已经被广泛地应用在建筑、空间、商场及各种超市里。

图1-3　陈列的非自然形态

（三）陈列的常用形式

陈列的手法与形式千变万化，多种多样，通过不同的颜色、道具、产品、面料及类别的组合能完成不同效果的陈列。其中，吊、叠、挂、摆是常用的陈列手法，灵活运用这些手法可以使空间的利用率达到最大。

（1）吊（图1-4）。吊是最具代表性的陈列方式，吊挂陈列可以对展品进行多面的呈现，给予参观者足够的吸引力。

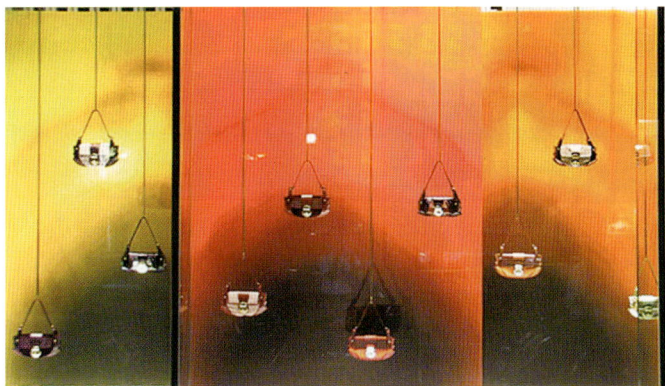

图1-4 陈列形式——吊

（2）叠（图1-5）。叠是一项基本的陈列技巧，在有限空间里增加陈列品数量并合理利用店铺的每一寸空间，是叠的意义所在。叠不是随随便便把衣服叠起来，而是运用不同的叠装手法对叠加以创造，增加它的艺术性与趣味性。但是叠也有一定的局限性，将产品叠起来就无法完全展示商品的外观、特点与整体性。叠装需要和挂装配合展示，增加视觉趣味，扩大空间。

图1-5 陈列形式——叠

（3）挂（图1-6）。挂是重要的陈列方式之一，即将产品正挂或侧挂于挂通及层板下。正挂陈列是将服装以正面展示的一种陈列形式，强调商品的款式、细节、风格和卖点，吸引顾客促成购买。侧挂是增加店铺货品出样的方法之一，好的侧挂组合能提升整面板墙的陈列层次与节奏。正挂兼顾人模陈列和侧挂陈列的优点，能弥补侧挂陈列不能充分展示服装、人模陈列易受场地限制的缺点。

图1-6　陈列形式——挂

（4）摆（图1-7）。"摆"即摆放，强调的是有序的排列，即将产品按照一定的规律进行合理的规整和排列，其陈列手法强调的是产品的搭配与组合。服装陈列岗位从业者需明确自己的岗位定位，明确本职工作，才能更好地完成工作。

图1-7　陈列形式——摆

二、任务设计

（一）任务主题

陈列的常用形式：吊、挂、叠、摆，在网上或实体服装卖场找一找使用以上形式的陈列手法的店铺实景图，并编辑成文档。

（二）任务条件

教学PPT、希沃教学一体机、服装卖场。

（三）任务组织

（1）班级进行分组并推选出组长，负责组织组员完成任务，学习过程中完成小组工作照片拍摄。每组按照各自收集到的不同的陈列手法案例、照片，讲解其特点与优劣。

（2）每组完成后进行展示，其他组员可以进行点评和补充。

（四）任务实施（表1-1）

表1-1　任务实施表

步骤	操作及说明	标准
交流	小组成员对活动内容进行交流、讨论	相互合作，共同探讨与学习
展示	根据组员收集的不同陈列手法的店铺实景图进行PPT汇报	分析实景图片内容正确，声音洪亮，使用专业术语
汇报	小组成员进行补充，其他组员可以发表意见与评价	接受其他组的补充与纠正，听取其他组的意见

（五）任务评价（表1-2）

表1-2　任务评价表

评价内容	评价标准	分数		
		师评	互评	自评
活动完成情况	·能正确描述所选图片使用的陈列形式 ·能准确解释该陈列形式的优劣			

三、课后作业

试一试，在卖场中进行吊、挂、叠、摆这四种常用陈列手法练习，并编辑成文档。

工作任务二

服装陈列员岗位认知

晋升空间——导购、陈列助理、陈列师

如何成为一名合格的陈列师

职业道德——职业性、继承性、实践性、多样性

职业能力

· 能识记陈列师的职业定位、岗位职责。
· 能掌握服装销售人员的基本要求。

核心概念

· 岗位职责：陈列助理、橱窗设计助理、导购。
· 职业道德：职业道德内涵和作用。

一、基本知识

服装行业是为人们提供最基本的穿着需要，又能引导消费的行业。随着时代的发展，社会文化的进步，生活水平的不断提高，从基本穿着向新颖多款式的中、高档时装发展，因此，服装消费成为广大消费者的最迫切需要。

（一）职业定位

服装陈列设计是指经过各级岗位技能培训、获得相关专业能力证书的专业陈列设计人员，通过对产品、橱窗、货架、通道、人形模特、灯光、色彩、音乐、海报等的一系列设计元素进行有目的、有组织的科学规划，为大型商场、品牌公司、买手店铺把物质商品和品牌精神传达给受众的创造性意识活动，从而促进产品销售，提升品牌形象。

职业定位是主要面向服装及相关销售企业的陈列助理、橱窗设计助理、导购等岗位，从业者具有在终端陈列手册指导下进行服装商品管理和终端基础陈列等能力，能够从事店铺零售管理、店铺陈列执行、橱窗陈列执行、服装陈列维护等工作。

（二）岗位职责

（1）陈列助理。陈列助理辅助服装陈列师执行、维护店铺陈列等工作。当店铺陈列需要微调时，陈列助理可以独立承担部分调整工作。陈列助理也应对品牌文化和产品设计理念有一定的了解和认识。

陈列助理可以晋升为陈列师。

（2）橱窗设计助理。橱窗设计助理辅助橱窗设计师研发及执行新品上市、节假日活动及新店开业等主题橱窗陈列，辅助陈列师维护店铺橱窗等工作。

橱窗设计助理可以晋升为橱窗设计师。

（3）导购。导购员的工作职责就是通过与顾客进行充分的沟通，把产品的性能、特色及品牌特点等介绍给顾客，从而使顾客愿意购买该品牌的产品。导购最接近顾客、了解顾客需求，也最能充分接触终端卖场。陈列最终的目的是销售，因此，品牌公司通常会在店铺中选择导购担任陈列助理，辅助陈列师的工作。

在很多品牌中，陈列师的培养路径是导购—陈列助理—陈列师。

（三）职业道德

1. 道德

道德是一种社会意识形态，是调整人们相互关系的行为准则和规范。

2. 职业道德

职业道德是人们在职业生活中应遵循的基本道德，是职业品德、职业纪律、专业胜任能力及职业责任等的总称。职业道德也同人们的职业活动紧密联系，是符合职业特点所要求的道德准则、道德情操与道德品质的总和。它既是对本职人员在职业活动中的行为标准和要求，也体现职业对社会所负的道德责任与义务。

3. 职业道德特点和作用

在道德的基础上突出职业性、继承性、实践性、多样性。从业人员在职业活动中通过遵循忠于职守、乐于奉献、实事求是、不弄虚作假、依法行事、严守秘密、公正透明、服务社会等原则，促进从业人员内部及与服务对象的关系，维护和提高企业的信誉，进而促进本行业的发展，促进全社会的和谐进步。

4. 陈列人员职业道德

（1）举止端庄，文明礼貌，遵纪守法。

（2）爱护商品，使商品不受自然和人为的损坏。

（3）热爱服装陈列设计工作，忠于职守，履行岗位职责。

（4）认真学习专业技术，在工作中精益求精，力求熟练岗位职责。

（5）在岗位上体现以人为本的理念，根据消费者的心理和购买行为设计、执行陈列，为消费者提供优质的陈列服务。

（6）对同事以诚相待、互敬互让、取长补短、助人为乐。

（四）销售的概念

1. 什么是销售（Sales）

S—Smile：（亲切的微笑）

A—Approach：（自然的接近）

L—Listening：（积极的倾听）

E—Expression：（以顾客为中心的表达）

S—Satisfaction：（相互满意）

2. 服装销售人员应具备的基本条件

心态：亲切谦逊的态度，积极倾听，不是单纯的销售商品，而是帮助顾客购买商品。

服装容貌：服装、头发、手、脸与自己的业务相符合。

服装销售人员服装容貌检查内容见表1-3。

表1-3 服装容貌检查内容

内容	男士	女士
面部	头发梳理情况、头皮屑	头发长吗？清洁

续表

内容	男士	女士
化妆	眼屎、鼻毛、胡子	口红颜色、眼部化妆
服装	规定服装、是否烫过、清洁	规定服装、不能穿短裙、是否烫过、清洁
手	清洁、指甲	清洁、指甲、指甲油颜色
鞋	清洁、光泽	是否光脚穿鞋、清洁

3. 谁是你的顾客

简单地说，顾客就是具有消费能力或消费潜力的人。

顾客的重要性：

——顾客不是依赖我们，而是我们依赖他们；

——顾客是我们工作的目的，是他们给了我们服务的机会；

——没有顾客，就没有我们的存在；

——顾客不是我们营运的外人，而是我们的一部分；

——顾客跟我们一样有感情有情绪，也一样有偏见；

——顾客不是我们争论的对象，没有人争得过顾客；

——顾客向我们展示他们的经济欲望与需求，我们的任务是要以服务来满足他们；

——顾客是我们持续发展的根源。

（五）吊牌知识

吊牌（图1-8）是一件衣服的身份证，包含了大量的产品信息，在销售衣服之前，可以通过提取吊牌产品信息，完成对服装的了解，并推荐给消费者。

合格证
产品名称：口袋装饰羽绒服
货品编号：NP36DJ14BK
尺码：180/100A XL
颜色：黑色
成分：面布：100%聚酯纤维
里布：100%聚酯纤维
胆料：100%聚酯纤维
填充物：白鸭绒　绒子含量90%
充绒量（g）：66.5g
产品等级：合格品　检验员:1
安全类别：GB 18401-2010 C类
执行标准：GB/T 14272-2021
经销商：上海
地址：嘉定区
电话：×××××××××××
产地：浙江宁波
建议零售价：1199元

NPC

NP36DJ14BKXL

图1-8　NPC吊牌

（1）品牌。NPC。

（2）产品名称。设计师根据服装的特征给该款服装取的名字。

（3）货品编号。由阿拉伯数字和英文字母组成，表示该款产品的品牌、年份、季节、适合性别、品类和序号。

（4）尺码（号型）。"号"指人体的身高，"型"指胸围或腰围。如180/100A，180表示身高180cm，100即胸围100cm，A指体型为一般型；XL代表加大码（码数）。

（5）颜色。指产品的颜色。

（6）成分（面布、里布、胆料、填充物）。指由什么材质做的，其含量是多少。

（7）产品等级。合格产品（1号质检员）。

（8）安全类别。按照国家标准检验，在服装标识上必须实行检测标注，否则按不合格产品查处。

（9）执行标准。即这件产品质量认证和检验合格的标准，如GB/T 14272—2021是指执行2021年的标准，这件衣服是合格的。

（10）价格。指衣服的吊牌价格。

二、任务设计

（一）任务主题

在卖场中根据道具、服饰产品特点及所学的服装销售知识进行模拟服装销售顾客接待任务。

（二）任务条件

教学PPT、服装卖场。

（三）任务组织

（1）班级进行分组并推选出组长，负责服装销售顾客接待任务分配。

（2）每组按照服装销售顾客接待任务进行任务展示，展示接待过程中需要使用的销售技巧、销售语言等，并在接待中提高接待礼仪。

（3）每组完成后进行展示，其他组员可以进行点评和补充。

（四）任务实施（表1-4）

表1-4 任务实施表

步骤	操作及说明	标准
交流	小组成员对活动内容进行交流、讨论、分析	相互合作，共同探讨与学习
展示	根据组员任务分配情况进行销售接待任务模拟	表情自然，接待声音亲切，使用专业术语

（五）任务评价（表1-5）

表1-5 任务评价表

评价内容	评价标准	分数		
		师评	互评	自评
活动完成情况	·能正确描述所售销售产品的特点、面料特性等 ·能准确展示服装销售顾客接待任务，促成销售成功			

三、课后作业

市场调研，在商场中观察与体验真实的服装销售顾客接待任务，并记录全过程，思考促成销售成功的方法与技巧，并编辑成文档进行反馈。

工作任务三

服装面料识别与保养

服装三要素：颜色、款式、面料

面料诠释——服装风格和特性，影响服装色彩与造型

面料分类——天然纤维、化学纤维两大类

职业能力

· 能了解面料的基本特性。
· 能掌握服装面料的识别方法。
· 能掌握服装保养技巧。

核心概念

· 服装面料的类型：柔软型、挺括型、光泽型、厚重型、透明型。

一、基本知识

现在，服装行业在不断地更新人们的观念，推动服装行业的发展。时装设计师的创意一旦被消费者、被社会所认可和接受，都会产生巨大的社会效应。这样为数众多的颜色、款式及面料新颖的服装汇入服装发展大潮中，加快了服装行业的发展进程。

（一）服装面料的类型

1. 柔软型

柔软型面料一般较为轻薄、悬垂感好，服装造型流畅，轮廓自然舒展。主要包括织物结构疏散的针织面料、丝绸面料，以及软薄的麻纱面料等。柔软的针织面料在服装设计中常采用直线型造型，以体现人体的优美曲线；丝绸、麻纱等面料则多见松散型及有褶裥效果的造型，以体现面料线条的流动感。

2. 挺括型

挺括型面料线条清晰有体量感，能形成丰满的服装轮廓。常见的有棉布、涤棉布、灯芯绒、亚麻布和各种中厚型的毛料及化纤织物等，此类面料可用于突出服装造型精确性的设计中，如西服、套装的设计。

3. 光泽型

光泽型面料表面光滑并能反射出亮光，有熠熠生辉之感，此类面料包括缎纹结构的织物。其造型自由度很广，可有简洁的设计或较为夸张的造型方式，常用于晚礼服或舞台表演服中，产生一种华丽耀眼的强烈视觉效果。

4. 厚重型

厚重型面料厚实挺括，能产生稳定的造型效果，包括各类厚型呢绒和绗缝织物。此类面料具有形体扩张感，不宜过多采用褶裥和堆积，设计中以 A 型和 H 型的造型最为恰当。

5. 透明型

此类面料质地轻薄而通透，具有优雅而神秘的艺术效果。包括棉、丝、化纤织物等，如乔其纱、缎条绢、化纤的蕾丝等。为了表现面料的透明度，常用线条自然丰满、富于变化的 H 型和圆台型设计造型。

（二）常见服装面料的特点

1. 棉布

棉布是各类棉纺织品的总称，多用来制作时装、休闲装、内衣和衬衫。其优点是具有良好的吸湿性、透气性，穿着柔软舒适，保暖性好，服用性能良好，染色性能好，色泽鲜艳，色谱齐全，耐碱性强，耐热耐光。缺点是耐酸能力差，弹性差，缩水率大，易折皱，外观上不太挺括美观，穿着时必须时常熨烫；易生霉，如长时间与日光接触，强力降低，纤维会变硬变脆。

2. 麻布

麻布是以大麻、亚麻、兰麻、苎麻、黄麻、剑麻、蕉麻等各种麻类植物纤维制成的一种布料，其特点是强度、导热、吸湿比棉织物大，对酸碱反应不敏感，抗霉菌，不易受潮发霉，色泽鲜艳，不易褪色，熨烫温度高，喷水后直接在反面熨烫。缺点是穿着不甚舒适，外观较为粗糙、生硬。麻布一般用于制作休闲装、工作装，目前也多以其制作普通的夏装。

3. 丝绸

丝绸是以蚕丝为原料纺织而成的各种丝织物的统称。与棉布一样，它的品种很多，性能各异，可用于制作各种服装，尤其适合制作女士服装。其优点是轻薄、合身、柔软滑爽、色泽鲜艳、吸湿、耐热、耐水、耐碱、透气，穿着舒适，高贵典雅，缺点是易生褶皱、不耐光、容易吸身、不够结实、褪色较快。

4. 呢绒

呢绒又叫毛料，是用各类羊毛、羊绒织成的织物的泛称，通常适用于制作礼服、西装、大衣等正规而高档的服装。其优点是坚牢耐磨、防皱、富有弹性、手感柔软、高雅挺括、不易褪色、保暖性强。缺点主要是毡化反应（易缩水），洗涤较为困难，羊毛容易被虫蛀，经常摩擦会起球，长期置于强光下会令其组织受损，耐热性差，不太适用于制作夏装。

5. 皮革

皮革是经过鞣制而成的动物毛皮面料，多用于制作时装、冬装。皮革又可以分为两类：一是革皮，即经过去毛处理的皮革；二是裘皮，即处理过的连皮带毛的皮革。皮革的优点是轻盈保暖、雍容华贵；缺点是价格昂贵，贮藏、护理方面要求较高，故不宜普及。

此外，还有人造皮毛。人造皮毛的特性是保暖、外观美丽、丰满，手感柔软，绒毛蓬松，弹性好，质地松、轻，耐磨，抗菌防虫，易保藏，可水洗，但防风性差，掉毛率高。

6. 化纤面料

化纤是化学纤维的简称，是利用高分子化合物为原料制作而成的纤维纺织品。常见的有再生纤维素纤维、涤纶、锦纶、腈纶、维纶、丙纶、氨纶等品种。

（1）再生纤维素纤维。吸湿，透气，手感柔软，穿着舒适，有丝绸的效果，颜色鲜艳，色谱全，光泽好。但易起皱，不挺括，易缩水。

（2）涤纶。面料挺括，抗皱，强力好，耐磨，吸湿差，易洗快干，不怕虫蛀，不霉烂，易保管。但透气性差，穿着不舒适，易吸灰尘，易起毛起球。为改良其性能，常用方法是加入天然纤维、再生纤维素纤维混纺。

（3）锦纶。弹性和蓬松类似羊毛，强度高，保形性好，外观挺括，保暖耐光。但吸湿性、舒适性较差，混纺后有所改善。

（4）腈纶。具有很好的热弹性，密度小，保暖性好，耐日光性与耐气候性很好。但吸湿性差，染色难。

（5）维纶。强度好，吸湿，不怕虫蛀，质地结实耐穿。但不耐热，易收缩，易起皱。

（6）丙纶。强度、弹性好，外观挺括，尺寸稳定，耐磨。但不吸湿，不耐热。

（7）氨纶。弹性好，伸缩性大，穿着舒适，耐酸，耐碱，耐磨。但强力低，不吸湿。

7. 混纺面料

混纺面料是将天然纤维与化学纤维按照一定的比例混合纺织而成的织物，可用来制作各种服装。其优点是既吸收了棉、麻、丝、毛和化纤各自的优点，又尽可能地避免了它们各自的缺点，而且在价格上相对较为低廉，所以广受欢迎。

8. 针织面料

针织面料是用织针将纱线或长丝钩成线圈，再把线圈串套而成的织物。

针织内衣特性；伸缩性好，柔软，吸湿，透气，防皱。

针织外衣特性：有弹性，穿着贴身舒适，色泽鲜艳，挺括抗皱，缩水率小，易洗快干。

（三）不同服装的保养方法

1. 棉麻服装的保养

棉、麻是由纤维素大分子构成的，吸湿性很好，在储存时主要防止其霉烂，也就是防止霉菌微生物的繁殖。主要保养方法是保持纺织品的洁净和干燥，特别在夏季多雨的季节要注意检查和晾晒。

2. 毛呢服装的保养

毛呢服装以其美观大方而受到人们的喜爱，但其表面粗糙，毛料易吸附灰尘，如果水洗，还会使呢服表面的羊毛脱落，而且费时费事。高档全毛料或毛与其他纤维混纺的衣物，建议干洗。在保存毛呢面料的服装时，注意保持通风透气，要定期打开衣柜以保持干燥。另外，可以在衣柜里放适量的防霉防蛀药剂，潮湿天气要防止霉变。

3. 丝绸服装的保养

丝绸的强力较高，加上蚕丝外面丝胶有保护作用，所以耐磨性较好。但因丝绸的纤维过细，应忌硬伤，凡与粗糙带毛刺的物质接触，往往会使丝绸跳丝而造成损伤。

碱对丝绸的破坏力较大，洗涤丝绸夏装最好选用中性皂或高档洗涤剂。可用热水先溶化皂液，放凉后将丝绸夏装浸透，用手大把搓揉（注意不能用搓衣板搓，更要避免拧绞）。洗后将皂液洗净，不然易发花。洗涤深色丝绸的夏装只能在净水中反复投漂，不能使用皂片及其他洗涤剂，以免出现皂渍、泛白现象。

洗涤颜色鲜艳的丝绸夏装时，为避免掉色，可放少许盐。因丝绸在阳光的紫外线作用下易脆化，加上丝绸的色泽牢度较差，洗完不能置于阳光下暴晒，应挂在通风处阴干。丝绸夏装在晾到八成干时，以白布覆盖衣面，用熨斗熨烫，温度不可高于130℃，否则丝绸会受损伤；熨烫时不必喷水，以免出现水渍痕。

蚕丝是一种蛋白质纤维，具有较强的吸湿性，当环境比较潮湿时，一些霉菌和细菌容易在织物上生长繁殖。收藏时，首先应把衣服洗净，最好熨烫一遍，可以起到杀菌灭虫的作用。衣柜、衣箱要保持清洁、干燥。

丝绸衣服质地较薄、柔软、怕压，可放到衣服堆的上面，浅色的丝绸衣服最好用细白布包好存放，以防风渍黄渍。丝绸类服装中不宜放樟脑丸，否则白色会泛黄。柞蚕丝衣服不宜与桑蚕丝衣服放在一起，前者会使后者变色。

4. 化纤服装的保养

化纤服装耐磨性差，易起毛变形，因此洗涤时要少搓少拧。不要长时间悬挂，以免伸长变形。储存时要避免高湿、高温环境。

化纤服装除腈纶和维纶外，一般不宜在日光下久晒，否则易老化，变硬变脆，强度下降。收藏时要洗净、晾干，不要放樟脑片。如混纺中有毛料成分，则放少量樟脑片并用纸包好，不要让樟脑片与服装直接接触。

5. 羽绒服装的保养

羽绒服装要防止因勾扯和摩擦而造成破洞，也不宜与强酸、强碱物质接触，储存时要避免重压。

具体来说要做到以下几点：

（1）防潮勤晒。在冬天，羽绒制品应每隔3～5天在阳光下晒一次，晒时可用木棍轻轻拍打一番，以去潮增软。

（2）谨防硬伤。羽绒制品的面料一般都极怕钉子、小刀等利器刮伤，因为这样会造成其中的羽绒飞散，既有碍洗涤，又会使羽绒制品受损。另外，也要防止烟头、明火将其烧坏。

（3）细心收藏。羽绒制品的金属扣及拉锁上应薄涂一层蜡脂，以免生锈。收藏时可将其放入大容量塑料袋中再放入箱柜，箱柜里不要放置樟脑丸。

（4）要保养好羽绒制品，还必须做好防虫工作。羽绒是以鹅毛、鸭毛为原料，经高温消毒、水洗脱脂、分毛除灰等多道工序加工而成的。产品要求脱净脂肪、清除尘埃、干燥蓬松、祛除腥臭味、含水量不超过1%。用质量好的正宗羽绒制作的被胎、滑雪服、枕垫等，一般是不易被虫蚀的。

6.皮革服装的保养

皮革服装沾上了油污，不要用水或汽油擦拭。因为水会使皮革变硬，汽油则会使皮革中所含的油分挥发而干裂，最好用绒布块或软毛刷轻轻擦拭污物，擦干净后涂少许凡士林，再用软布揩擦即可光洁。

皮革服装不要与锐利、粗糙物接触，以防割破或擦伤。皮革服装只能在通风阴凉处晾晒，不可在日光下曝晒。储藏时不宜折叠，应用衣架悬挂在橱柜内。存放时，不要与其他皮件、皮物紧贴，以防粘牢。适当放入少量包好的樟脑片，注意防潮防霉，受潮后要及时晾晒。

二、任务设计

（一）任务主题

请同学们在规定的时间内辨别布料小样，按布料类别进行描述。

（二）任务条件

教学PPT、希沃教学一体机、面料小样若干。

（三）任务组织

（1）班级进行分组并推选出组长，负责组织组员完成任务，学习过程中完成小组工作照片拍摄。

（2）每组按照各自甄别到的面料小样进行分析，讲解其特点与服饰运用特点。

（3）每组完成后进行展示，其他组员可以进行点评和补充。

（四）任务实施（表1-6）

表1-6　任务实施表

步骤	操作及说明	标准
交流	小组成员对面料性能进行交流、讨论	相互合作，共同探讨与学习
展示	根据组员收集的面料进行识别、分析	分析面料类别正确，声音洪亮，使用专业术语

（五）任务评价（表1-7）

表1-7　任务评价表

评价内容	评价标准	分数		
		师评	互评	自评
活动 完成情况	·能正确描述面料的类别与特性 ·能准确展示不同面料运用在服饰中的效果			

三、课后作业

完成布料市场调研活动，通过看、摸、观察、记录等方式，对面料的质地有更深刻的了解与掌握。

工作任务四

服装造型基础知识

服装廓型与人体关系——A、H、X、O、T型

服装造型起到美化人体的目的

服装结构与人体关系——服装领型、袖型、胸腰臀型

职业能力

· 能辨别 A、H、X、O、T 型等不同造型的服装特点。
· 能讲述服装的基本元素。

核心概念

· 服装廓型、结构与人体的关系。
· 服装风格元素：经典、现代、中性、前卫、活泼、民族、浪漫、优雅。

一、基本知识

廓型是服装设计的重要元素，设计师通过廓型线条中的设计变化来表达灵感（图1-9）。

图1-9　服装廓型

服装廓型指服装穿于人体后的外在形状，即服装的外部造型剪影。通过服装的轮廓造型，在视觉上可以将人体的比例关系进行自觉的、有目标的调整，使人体的自然形态得到改变，达到美化人体的目的。有经验的店铺工作人员深谙不同服装造型的特点及适合人群，会通过观察消费者并给消费者提供专业的搭配建议及合适的服装，尽可能体现消费者体态美或掩饰人体的不足，从而促进消费者购买。

（一）服装的基本元素

1. 色彩
色彩元素包括色彩的色相、纯度、明度等色彩属性。服装设计元素里的色彩元素不仅指单一的色彩，还包括服装各部分色彩间的搭配。

2. 造型
服装的造型可分为外造型和内造型，其外造型主要是指服装的轮廓剪影，内造型指服装内部的款式，包括结构线、省道、领型、袋型等。

3. 材质
材质元素是指服装主体部分制作面料的质地、色彩、触觉的综合反映。材料是服装的物质基础，色彩和款式都要直接由材料来实现。

（二）服装廓型与人体的关系

1.A 型

A型是胸部衣身较小、腰位上升、裙摆展开、从肩至下摆逐渐展开的上窄下宽的外部造型，衣长较短时具有一种洒脱活泼、流动感强的感觉，衣长较长时体现出稳重、端庄的感觉。A型上紧下松，把人体两侧的轮廓线从直线变为了张扬的斜线，从视觉上增加了人体的高度。大部分中国女性身材娇小、肩斜度较高，在人体上比较容易营造出上小下大的A型廓型，因此，穿着此廓型服装可以展现出东方女性独特的魅力（图1-10）。

2.H 型

H型又称布袋型、箱型、矩型，其造型特点是平肩，不收紧腰部，强调直线，具有修长、简约、宽松、舒适的特点，多用于运动装、休闲装、居家服等（图1-11）。

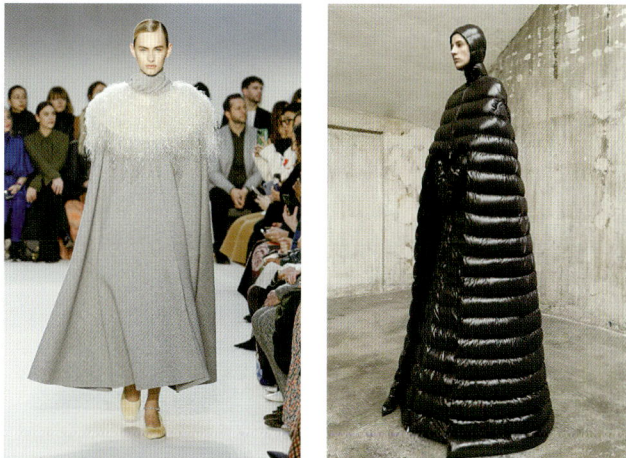

图1-10 A型廓型服装

图1-11 H型廓型服装

3.X 型

X 型服装具有适体的上身，收紧腰部，向外舒展的下摆，外形轮廓突出胸、腰部的线条。这种外形特征最能体现女性优美的身段，具有典雅的浪漫主义风格（图 1-12）。

图 1-12　X 型廓型服装

4.O 型

O 型廓型呈椭圆型，肩部、下摆、腰部没有明显棱角，上下束住，中间膨大、浑圆、鼓起，呈纺锤、灯笼、气球等形状（图 1-13）。

图 1-13　O 型廓型服装

5.T 型

T型类似倒梯形或倒三角形。T型造型具有阳刚之气，洒脱、大方，多用在男性化的女装、较夸张的表演装、前卫风格的服装中，是一种肩相连的造型（图1-14）。

图1-14　T型廓型服装

（三）服装结构与人体的关系

1.服装领型结构

领型是指包裹颈项部位或肩胸部位的上衣造型部分，是服装的重要组成部分。根据领线的形状、领座的高低、翻折线的形态、领轮廓线的形状及领尖修饰，服装领型分为无领、立领、翻领、坦领、驳领。

领除了具有保护颈部的功能外，还具有很重要的装饰性，其中包括"领型视错"。在现实生活中有各种各样不同脸型的人，有的脸型稍长、有的脸型稍短，有的脸型较圆、有时脸型较方等。视错原理显示，当圆与圆、方与方处于同一体中时，会使人产生方、圆线条的重合感，给人带来重复呆板和强化原有造型特征之感。因此，在给不同的人选择服装时，应遵循设计美学原则，比如，避免给圆脸型的人推荐圆领服装，给方下巴的人推荐方形衣领的服装。

（1）无领。无领是只有领圈没有领面的领型，具有简洁的特征，能充分显示人体颈肩线条的美感，利于佩戴颈饰。无领包含圆领、方领、一字领、U型领等（图1-15）。

图1-15　无领

（2）立领。立领的领面竖立在领圈上，穿上时耸立围绕在人的颈部，并与颈部均匀地保持一定距离。该领型造型别致，给人以利落精干、严谨、端庄、典雅的效果，比较适合脸小、颈部修长或者瓜子脸、瘦长脸的人。圆脸和方脸的人穿立领会加重脸部与头部比例，显得脸更大（图1-16）。

图1-16　立领

（3）翻领。翻领的基本造型是领面向外翻折。翻领的形式多样，变化丰富，常见的如立翻领等。因形状不同又有波浪领、马蹄领、燕尾领等（图1-17）。

图1-17　翻领

（4）坦领。坦领是领面向外翻摊的领式，其造型随着领子的宽窄、形状的不同呈现千变万化的款型。由于坦领无领座，适合儿童脖子短的特点（图1-18）。

图1-18　坦领

（5）驳领。驳领是一种衣领和驳头连在一起，并向外翻折的领式。驳领是服装中应用较广泛的衣领款式。如西装的领型，就是典型的翻驳领，夹克、便装等也都可用驳领。驳领由领座、翻领及驳头三部分组成。其样式众多，造型讲究，基本样式有平驳领、戗驳领、连驳领。驳领因翻领样式和领子敞开程度不同，适应人群有所不同（图1-19）。

图1-19　驳领

2. 服装袖型结构

衣袖的造型主要表现在袖山、袖窿、袖口与袖型的长短、肥瘦的变化上。生活中袖子造型种类繁多，款式变化多样，可以根据袖子长度、与衣身的连接方式及袖片数量进行分类。

（1）按袖子长度分为无袖、短袖、中袖、长袖等。

（2）按袖子与衣身连接方式分为装袖、连身袖等。

（3）按袖片数量分为一片袖、两片袖、多片袖等。

（4）按袖子合体程度分为宽松袖、合体袖、一般袖等。

消费者选择服装的袖型，一般会从袖型是否显得自己的手臂与身体比例更加协调、手臂更加修长的角度来选择。因此，店铺工作人员可以根据消费者手臂的粗细、长短来推荐店铺里的服装款式。

3. 服装胸腰处结构

在服装设计中，胸腰的造型主要依靠结构线和省道的合理设计来完成，巧妙的省道和结构设计能充分体现款式造型的新意。在实际服装搭配中，店铺工作人员还可以通过细心观察消费者的胸腰体型特征，利用视错原理帮助消费者选择合适的服装款式，达到塑造身材的目的。

4. 服装臀型结构

为使服装穿着者的臀部看起来线条更加优美，店铺工作人员也可以根据视错原理和设计美学原则，为消费者提供合理的搭配建议。

（四）服饰风格搭配

服饰风格指一个时代、一个民族、一个流派或一个人的服装在形式和内容方面显示出来的价值取向、内在品格和艺术特色。目前，相对稳定的服饰风格类型大致有经典、现代、中性、前卫、活泼、民族、浪漫、优雅八大类，以及其他细分的服装风格。成功的服饰风格搭配对于提高服饰商品价值感及店铺陈列展示的魅力都起着重要的作用。

1. 经典风格及搭配要点

经典风格比较实用、简洁、传统而保守，受流行元素影响较小，讲究品质，追求严谨高雅。经典风格设计要素及搭配要点见表1-8，经典风格搭配如图1-20所示。

表1-8 经典风格设计要素及搭配要点

设计要素	搭配要点
色彩	蓝色、酒红色、白色、紫色等沉静高雅的古典色为主
面料	常用质感爽滑、质地相对细腻的面料
图案	以传统的彩色、单色面料居多
款式	衣身大多对称，廓型以直筒为主，少用省道与分割线
装饰及配饰	装饰细节精致，如局部绣花、领结、领花等

图1-20 经典风格搭配

2. 现代风格及搭配要点

现代风格具有都市洗练感和现代感，简练的知性风格为主，不失高雅品位。现代风格设计要素及搭配要点见表1-9，现代风格搭配如图1-21所示。

表1-9　现代风格设计要素及搭配要点

设计要素	搭配要点
色彩	无彩色或冷色系的色彩为主
图案	常采用简洁的几何图形
款式	廓型为直线条
配饰	体现时尚现代的配饰

图1-21　现代风格搭配

3. 中性风格及搭配要点

中性风格强调雌雄同体、无性别特征，起源于性别特征观念的淡化引起的性别审美情趣转变。中性风格设计要素及搭配要点见表1-10，中性风格搭配如图1-22所示。

表1-10　中性风格设计要素及搭配要点

设计要素	搭配要点
色彩	以单色、暗色为主，如黑色、灰色、米色等
图案	以几何形为主
款式	简洁、功能主义，造型以直线和斜线居多
配饰	领带、绅士帽、墨镜、皮靴、平底鞋等，体现男女共通性

图1-22 中性风格搭配

4. 前卫风格及搭配要点

前卫风格运用波普艺术、幻觉艺术、未来派等前卫艺术，以街头艺术作为灵感获得一种新奇多变的服装风格。前卫风格设计要素及搭配要点见表1-11，前卫风格搭配如图1-23所示。

表1-11 前卫风格设计要素及搭配要点

设计要素	搭配要点
色彩	用色大胆鲜明、对比强烈、不受约束
图案	比较野性，各种材料的运用拼接出新奇古怪的图案，体现出不规则性、创意性
面料	经常使用奇特新颖、时髦刺激的面料，材质搭配通常反差较大
款式	造型富于幻想，设计无常规，较多使用不对称结构与装饰，尺寸与线形变化较大，分割线随意
配饰	大型别针、吊链、裤链、帽子、头巾等

5. 活泼风格及搭配要点

活泼风格轻松明快，适合日常穿着，具有青春气息。活泼风格设计要素及搭配要点见表1-12，活泼风格搭配如图1-24所示。

图1-23 前卫风格搭配

表1-12 活泼风格设计要素及搭配要点

设计要素	搭配要点
色彩	通常比较亮丽
图案	花色较多，常用简单图案表现出强烈的动感
面料	选择随意，棉、麻、丝、毛及化纤均可使用
款式	使用多种服装造型，繁简皆宜，款式活泼利落，衣身通常短小且紧身，分割线不受约束，弧形线或变化设计的零部件较多

图1-24 活泼风格搭配

6. 民族风格及搭配要点

民族风格指汲取中西方各民族服饰元素，结合时代精神和理念，融入新材料、流行元素等，达到民族化和时代感完美结合的风格。中式风格借鉴中国传统服饰（如唐装、旗袍等）设计手法及其他民族服装的形式要素；西式风格则以国外民族服装为灵感，如波希米亚风格、日耳曼民族风格、俄罗斯民族风格等服装风格。民族风格设计要素及搭配要点见表1-13，民族风格搭配如图1-25所示。

表1-13 民族风格设计要素及搭配要点

设计要素	搭配要点
色彩	多数浓烈、鲜艳，对比较强
图案	带有民族特色的典型图案，手工装饰较多，多用刺绣、珠片、流苏、嵌条、绳边、印花、编织物等装饰
面料	选用民族特点的面料，不同国家和地区、不同民族使用的面料差异较大
款式	地域特点鲜明，较少使用分割线，大多工艺较特殊
配饰	体现民族手工艺的饰品

图1-25 民族风格搭配

7. 浪漫风格及搭配要点

浪漫风格优美朦胧、柔和轻盈，追求纤细、华丽、透明、摇曳生姿的效果。浪漫风格设计要素及搭配要点见表1-14，浪漫风格搭配如图1-26所示。

表1-14　浪漫风格设计要素及搭配要点

设计要素	搭配要点
色彩	优美、轻柔、梦幻的色调为主
面料	多为轻柔透明、飘逸潇洒、悬垂性好的材料
款式	大多精致奇特，局部处理别致细腻
配饰	用褶皱、荷叶边、蕾丝边、饰带、饰珠、刺绣等细节点缀

图1-26　浪漫风格搭配

8. 优雅风格及搭配要点

优雅风格是成熟女性气质的代表，体现高雅、含蓄的高品质视感。优雅风格设计要素及搭配要点见表1-15，优雅风格搭配如图1-27所示。

表1-15　优雅风格设计要素及搭配要点

设计要素	搭配要点
色彩	比较低调的颜色，如黑色、深棕色、驼色等，通常不超过三色，配色以和谐为主
图案	精致的图形
款式	以精致的套装或者设计讲究的连衣裙为主，具有一丝不苟的裁剪及轮廓，使用较高品质的面料及精致的工艺等
配饰	宽檐帽、手套、包包、珍珠配饰、高级珠宝

图1-27 优雅风格搭配

二、任务设计

（一）任务主题

剪贴画设计。

（二）任务条件

教学PPT、希沃教学一休机、杂志、卡纸。

（三）任务组织

（1）每人完成一张风格服饰剪贴画设计，注意服饰风格的统一性。

（2）尝试讲解该风格服饰的特点、服饰穿搭技巧。

（四）任务实施（表1-16）

表1-16 任务实施表

步骤	操作及说明	标准
设计	确定某种风格，剪贴服饰，将风格统一的服饰合理地布局在卡纸上	相互观察，共同探讨如何更好地设计卡纸内容与布局
展示	根据风格属性对服饰风格进行合理的分析，完成风格推介	展示风格统一，画面和谐

（五）任务评价（表1-17）

表1-17　任务评价表

评价内容	评价标准	分数		
		师评	互评	自评
活动 完成情况	·能准确地说出服饰风格特点与属性 ·能准确完成剪贴画设计与制作			

三、课后作业

·活动一

剪贴作业，在杂志中寻找风格变化的服饰剪贴到卡纸中。

·活动二

在网上寻找某品牌服饰，找一找该品牌服饰运用的风格变化并汇总到文档中。

工作任务五

色彩认知

色彩是丰富陈列设计的语言

色彩是一种艺术——它是注入灵魂的"视觉享受"

著名的 7 秒定律——7 秒色彩印象占 67% 的决定因素

职业能力

· 能辨别有彩色、无彩色。
· 能掌握色彩的三大属性，明白色相环的颜色输出关系。

核心概念

· 无彩色与有彩色：黑、白、灰以外的颜色即有彩色。
· 色彩三属性：明度、纯度、色相。
· 配色关系：类似色、对比色。

一、基本知识

有研究表明，色彩可以对消费者的心情产生影响和冲击。从视觉科学上讲，有彩色比无彩色更能刺激视觉神经，因而更能引起消费者的注意。因此色彩作为卖场商业空间的重要组成部分，它的地位在陈列空间中显得尤为重要。

色彩在人们眼中具有不同概念。有些色彩给人平易近人、亲切的感觉，如红色、橙色、黄色；有些色彩让人产生距离，如青色、紫色。巧妙地利用色彩，可以刺激视觉，提升店铺整体的层次感。

（一）无彩色与有彩色

黑色与白色，以及由黑白相混而形成的深浅不同的灰，称为无彩系（图1-28）。只具有明度属性。

| 白 | 淡灰 | 中灰 | 暗灰 | 黑 |

图1-28　无彩色

赤、橙、黄、绿、青、蓝、紫为基本色，相混产生出千千万万个有彩色，通称为有彩系（图1-29）。

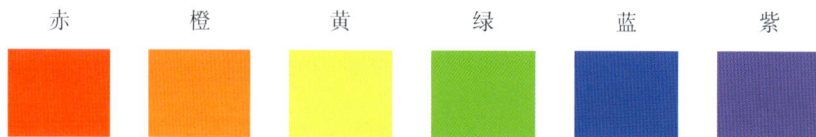

| 赤 | 橙 | 黄 | 绿 | 蓝 | 紫 |

图1-29　有彩色

（二）色彩三属性

1.色相
色彩本身的固有颜色，称为色相（图1-30），每个颜色被冠有一个名称，称为X色。

2.明度
色彩明度是指色彩的明亮程度（图1-31），颜色有深浅、明暗的变化。

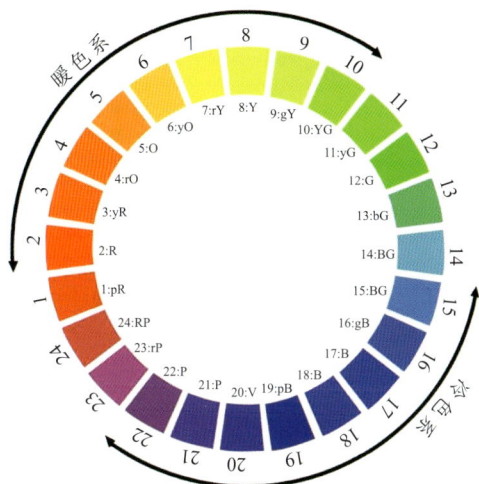

图1-30　色相环

无彩色	明度
	最高9.5
	高8.5
	高7.5
	较高6.5
	中度5.5
	较低4.5
	低3.5
	低2.5
	最低1.0

有彩色	明度
	8.0
	7.0
	7.0
	6.0
	4.5
	4.5
	4.0
	3.5
	2.5

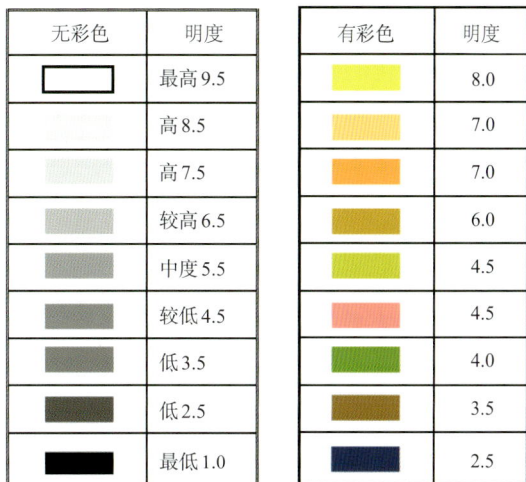

图1-31　色彩明度变化图

3. 纯度

纯度通常是指色彩的鲜艳度（图1-32）。

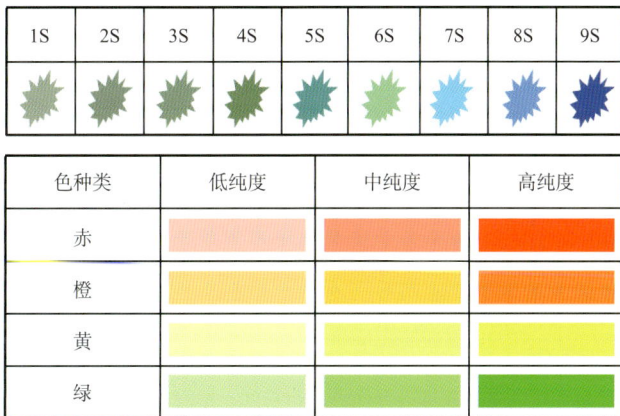

1S	2S	3S	4S	5S	6S	7S	8S	9S

色种类	低纯度	中纯度	高纯度
赤			
橙			
黄			
绿			

图1-32　色彩纯度变化图

（三）色彩的搭配

所谓色彩搭配，即通过色与色的组合，产生新的效果。色彩调和与能否让看到配色的人感到"美丽"有很大关系。色彩搭配时，明确配色的方向性至关重要，此方向取决于配色目的。虽然色彩搭配追求的是色彩组合的美感，但是成功与否还与配色目的是否明确有着密切的关系。

目前，色彩调和的考虑观点可以整理为"统一"与"变化"两大类别。所谓统一，即把相似的色彩组合在一起，在色彩空间中选择相近的颜色达到统一的效果，从而达到稳定而统一的感觉。所谓变化，即把差异大的色彩组合在一起，在色彩空间中选择距离远的颜色达到变化的效果，从而达到一定的对比效果。

1. 色相配色（表1-18）

表1-18　色相配色对应表

同一色相配色	同一色相配色是指相同色相之间的组合，同一色相的色相差为"0"。色相相同，存在共通性，是统一性强的组合。一般给人以稳健、上品的配色效果。但是缺乏变化，容易产生单调的感觉。有彩色与无彩色的组合也可算是同一色相配色
邻近色相配色	色相环上邻近色相的组合称为邻接色相配色，邻接色的色相差为"1"。配色效果与同一色相配色的效果相似
类似色相配色	类似色相的组合称为类似色相配色。类似色的色相差为"2~3"。由于色相相近，能表现共同的配色印象。这种配色在色相上既有共性又有变化，是很容易取得配色平衡的手法
中差色相配色	略微有差别的色相组合称为中差色相配色，中差色相的色相差为"4~7"。中差色相配色的对比效果既明快又不冲突，容易营造出东方氛围的配色效果

2. 色调配色（表1-19）

表1-19　色调配色对应表

冷色调配色	冷色调配色是将相同冷显性色进行搭配，不同冷色相的颜色搭配在一起的一种配色方法。冷色调的色相、色彩的纯度、明度具有蓝色色相在其中，明度按照色相略有变化。不同冷色调会产生不同的色彩印象
暖色调配色	暖色调与冷色调相反，给人温暖柔和的色彩印象，不同的暖色放在一起有一种和谐、恬静之美。暖色调的色相、色彩的纯度、明度具有橙色色相在其中，明度按照色相略有变化
类似色调配色	类似色调配色即将色调图中相邻或接近的两个或两个以上色调搭配在一起的配色方法。类似色调配色的色调有变化，不会产生呆滞感，在统一中存在变化。特征在于色调与色调之间有微妙的差异，较同一色调有变化，不会产生呆滞感，在统一中存在变化

对照色调配色	对照色调配色是相隔较远的两个或两个以上的颜色搭配在一起的配色，明暗对照与彩度对照都可以达到对照色调配色的效果。对照色调能形成鲜明的视觉对比，产生对比调和感

（四）色彩与服饰

1. 色相（图1-33）

图1-33　不同色相的服饰设计变化

2.明度（图1-34）

深、暗、重、沉 ————→ 低明度

浅、淡、亮、轻 ————→ 高明度

图1-34　不同明度的服饰设计变化

3.纯度（图1-35）

柔

适中

艳

醒目、个性 ————————▶ 高纯度

柔雅、平和 ————————▶ 低纯度

图1-35　不同色纯度的服饰设计变化

二、任务设计

（一）任务主题

绘制属于你的12色色相环；绘制一张明度、纯度色彩变化表，并观察颜色变化。

（二）任务条件

教学PPT、希沃教学一体机、颜料、调色盒。

（三）任务组织

（1）每人完成一张色相环的绘制，注意颜色的调和方法。

（2）色彩之间有没有关联性？请同学们思考色彩之间的调和关系，什么颜色加什么颜色能产生出新的颜色？

（3）绘制一张明度、纯度色彩变化表，并观察颜色变化。

（四）任务实施（表1-20）

表1-20　任务实施表

步骤	操作及说明	标准
起草	使用圆规或圆形画出色相环的模型，明度、纯度变化表草图设计	相互观察，共同探讨如何更好地设计草图
调色	根据标准的色相环颜色变化，明度、纯度变化，完成调色任务	每一个色块都准确、干净

（五）任务评价（表1-21）

表1-21　任务评价表

评价内容	评价标准	分数		
		师评	互评	自评
活动 完成情况	·能准确地画出色相环的每一个色块 ·能准确完成明度、纯度的练习，颜色有变化			

三、课后作业

·活动一

剪贴作业，在杂志中寻找明度、纯度变化的服饰，剪贴到A4纸中。

·活动二

在网上寻找品牌服饰，找一找服饰运用明度、纯度变化的服装，并汇总到文档中。

工作任务六

色彩的联想

颜色的心理因素——成为每个时尚品牌的招牌

色彩理论是时尚界热门的话题

线上购物时代——吸引眼球的颜色作为品牌认知色

职业能力

· 能感受颜色的变化带给你的印象留存。

· 能感受色彩的冷暖，掌握颜色提取方法。

核心概念

· 色彩的提取、颜色的冷暖、色彩的联想。

一、基本知识

色彩是人类的视觉对象之一，是由不同的光波作用于人的眼睛而产生的。生活在这个色彩缤纷的世界里，当眼睛看到色彩的同时，会自觉地把色彩和自己以前看到过、接触过的有相似色彩特征的事物在头脑中"挂钩"，形象地联系起来，而这种联想又因每个人的生活阅历、情感经验、知识结构、思维方式的不同而产生一定的个性化差异。正是这种联想，使色彩具有了强烈的影响力，影响着人们的心理、情绪。艺术家也正是运用了这种影响力，来创作美术作品。

（一）色彩的提取

在生活中会遇到许多有颜色的画面，这些有彩色与无彩色进行穿插交流的过程中会在人们的脑海中产生一些印象留存，当色彩留存在眼睛里，脑海中是一种块面的画面感。对这些块面进行归纳与提取，然后进行色彩的组合搭配即可以提升人们的色彩感觉。

（二）色彩的联想

（1）红色是让人感觉火热、充满力量和富有能量的颜色。淡红和粉红有温柔、可爱的感觉，暗红给人沉静、高雅的印象（图1-36）。

联想——热情、火焰、兴奋、欢喜、口红、能量、生命力、愤怒、疯狂、激情。

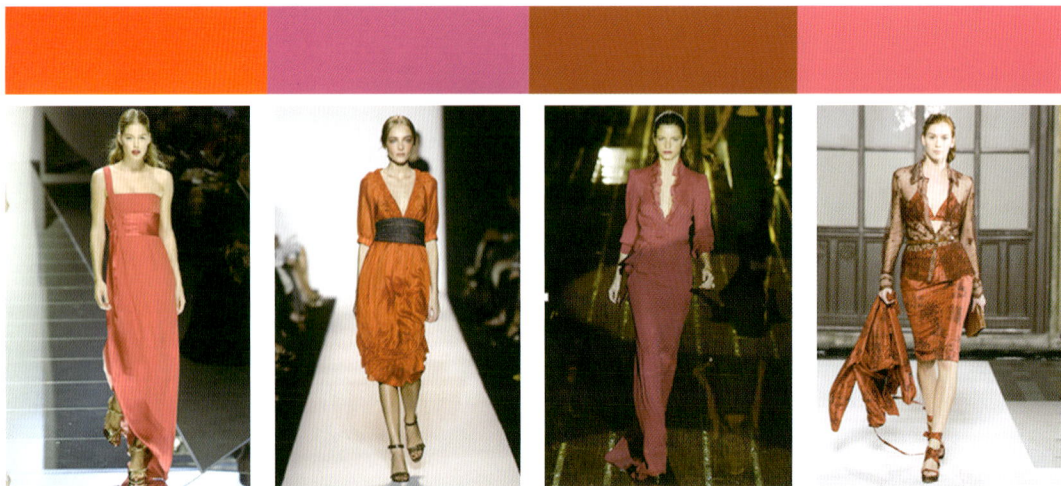

图1-36　红色在服装中的应用

（2）橙色不如红色那么强烈，是传达活泼、健康感觉的开放性颜色。橙色与黑、绿相配较谐调（图1-37）。

联想——活泼、健康、精神、愉快、橘子、柿子、生机勃勃、丰富、年轻、明朗。

图1-37 橙色在服装中的应用

（3）黄色是洋溢喜悦与轻快、十分明朗的颜色，仿佛春天的花蕾，让人感觉到由内向外蓬勃的生命力（图1-38）。

联想——轻快、明朗、愉快、明亮、可爱、温柔、轻盈、向日葵。

图1-38 黄色在服装中的应用

（4）绿色使人联想到大自然的美丽，是一种令人放松、解除疲劳的颜色，宛如新生的嫩芽，象征着生命的和平与安全（图1-39）。

联想——春天、森林、公园、镇静、安全、生命、和平。

图1-39 绿色在服装中的应用

（5）蓝色是使人心绪稳定的颜色，使人联想到大海的寂静、天空的湛蓝及变幻莫测、无边无际的宇宙。而明丽的蓝色又象征着理想、自立和希望（图1-40）。

联想——理想、诚实、天空、海、宇宙、自立、自制、忍耐、冷静、广大、理智。

图1-40 蓝色在服装中的应用

（6）紫色一直被认为是高贵的象征而颇受推崇。淡紫色使女性的形象优雅温柔，而深紫色则让人感觉华丽性感（图1-41）。

联想——神秘、高贵、贵族、勿忘我、贝壳、紫罗兰。

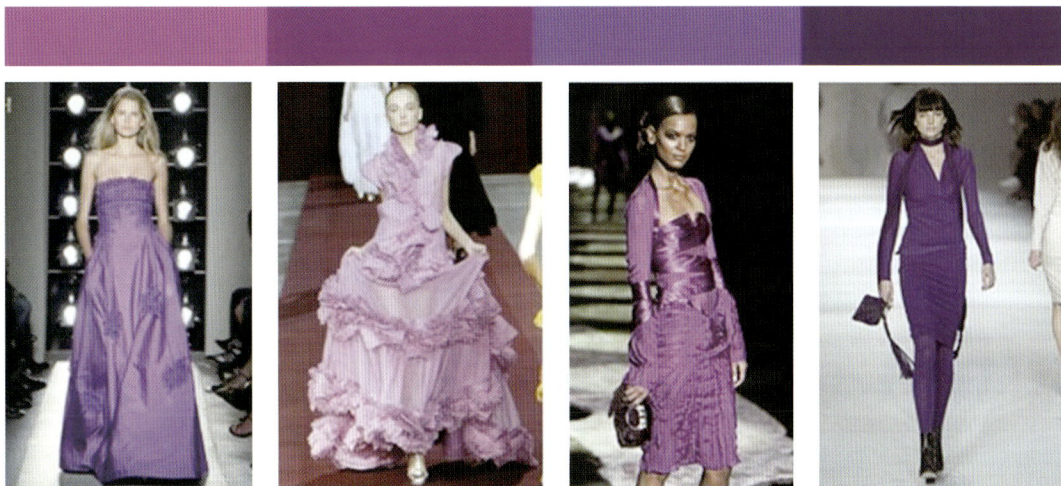

图1-41　紫色在服装中的应用

（7）白色具有明亮、洁白纯粹、洁净、坦诚之意。寂静、洁白的雪景，纯白色的婚纱都给人一种一尘不染的感觉。由于它容易与其他颜色相配，是受女性青睐的颜色之一。

联想——清洁、雪、纯洁、护士、珍珠、牛奶。

（8）灰色给人宁静、高雅的印象，同时还给人以朴素、孤寂的感觉。

联想——影子、怀疑、雾霭、不安、炭、水墨画、冬季的天空、忧郁、没精神、铅。

（9）黑色是最暗的颜色，总让人联想到一些消极的东西。但是它受到青年人的喜爱，因其同时也表现出都市的敏锐与锋芒，在黑色冷酷的表面下也许还隐藏着热烈的情感。

联想——夜、孤独、乌鸦、不安、压抑、潇洒、都市。

白、灰、黑色彩联想与服饰运用如图1-42所示。

图1-42　白、灰、黑色在服装中的应用

二、任务设计

（一）任务主题

陈列的色彩灵感提取：在网上或实体服装卖场找一找色彩丰富的图片，讲一讲它的配色原理。

（二）任务条件

教学PPT、希沃教学一体机、服装卖场。

（三）任务组织

（1）班级进行分组并推选出组长，负责组织组员的小组任务安排，学习过程中用手机拍照。

（2）每组按照各自收集到的色彩灵感的案例、照片，讲解其色彩搭配原理。

（3）每组完成后进行作业展示，其他组员可以进行点评和补充。

（四）任务实施（表1-22）

表1-22　任务实施表

步骤	操作及说明	标准
交流	小组成员对活动内容进行交流、讨论	相互合作，共同探讨与学习
展示	根据组员收集的不同色彩图片整合，进行PPT汇报	分析色彩图片内容正确，声音洪亮，使用专业术语
汇报	小组成员可以进行补充，其他组员也可以发表意见与评价	接受其他组的补充与纠正，听取其他组的展示并能给出自己的意见和想法

（五）任务评价（表1-23）

表1-23　任务评价表

评价内容	评价标准	分数		
		师评	互评	自评
活动完成情况	·能正确描述所选图片使用的色块组合 ·能准确解释该配色的方案 ·能打开丰富的想象，描述提取色彩的灵感			

三、课后作业

色彩灵感训练：收集一张来自大自然或生活中的场景图片，对它进行色块的提取与分析，进行服饰、卖场、模特等方向的色块使用联想，联想的图片吻合色彩提取方向。并描述你的想法，不少于200字。

第一步，找到色彩图片，解析色块，如图1-43所示。

图1-43 色彩联想图及色块解析

第二步，按照色块进行联想，并将色块运用在服饰上，如图1-44所示。

图1-44 色块在服饰上的运用

第三步，按照色块进行联想，并将色块运用在卖场中，如图1-45所示。

图1-45　色块在卖场上中的运用

第四步，描述你的联想方案，如图1-46所示。

Max Mara 2024春夏女装系列追求的是休闲时尚的极简运动风，更注重休闲时尚的穿着体验。它应用了白色、浅驼色、松石蓝，搭配着运动风的宽松廓型外套，和同色系紧身裤，成为Max Mara 2024春夏女装系列标志性的设计。

图1-46　联想方案文字描述

工作任务七

POP 字体

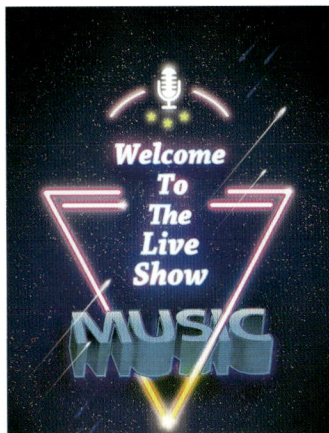

橱窗的设计——运用在 Logo 与海报设计中

POP 字体在服装陈列设计中的运用

卖场的销售——吸引眼球，表达服饰品的特色与功能

职业能力

· 能识记 POP 设计使用的工具，掌握 POP 手绘的构成要素。

· 能完成 POP 字体书写的练习。

核心概念

· POP 常用的工具：彩色笔、马克笔、粉笔、蜡笔、粉彩笔、色铅笔、素描铅笔、水彩、广告颜料、圆或平的水彩笔、毛笔、墨汁、色丹、笔刀、美工刀、割圆器、剪刀。

一、基本知识

POP海报（广告），英文point of purchase advertising的缩写，其英文原意为"在购物场所能促进销售的广告"。所有在零售店面内外，能帮助促销的广告物，或其他提供有关商品情报、服务、指示、引导等标示，都可称为POP广告。可以称为"最贴心的传播者"。

商品的品质、服务的热忱固然是吸引消费者购买商品的两大因素，但是若缺乏出色的广告表现及好的陈设与布置，那么商品的销售必然大打折扣。

一个成功的POP广告，应该具有吸引消费者购买的力量，真正发挥连接商家和消费者的桥梁作用。POP广告的发展空间无限，如何对其善加利用是商家不容忽视的问题。

（一）POP广告的功能

（1）吸引过往的行人进入店内。

（2）忠实地扮演促销员的角色。

（3）告知消费者卖场举办的各种活动。

（4）刺激消费者的购买欲望。

（5）明确区分商品的类别。

（6）说明商品的特点。

（7）装饰卖场，活跃整体气氛。

（8）为顾客提供各种服务项目信息。

（9）向顾客告知卖方的经营政策。

（10）标明商品的价位。

（二）POP广告的分类

1. 按应用场合分类

（1）招牌式POP。设置于商场门外，主要目的是将消费者由商场外吸引至商场内。表现形式有横式的和竖式的。

（2）吊挂式POP。悬挂于天花板、墙壁、半空的广告，具有告知信息、装饰等作用。常见的表现形式有装饰品、广告旗帜、吊牌广告等。

（3）立体式POP。立体POP的设计具有形象、可爱、有亲和力等特点，如麦当劳快餐店门口的麦当劳叔叔就是一种立体式POP。

（4）立牌式POP。主要放置于地面上，常见的种类有酒店门口的水牌等。

（5）张贴式POP。主要用于贴在橱窗或墙壁上，种类有印刷广告或手绘广告等。

不同类型的POP广告如图1-47所示。

（a）竖式招牌POP （b）横式招牌POP （c）立体式POP

（d）立牌式POP （e）吊挂式POP （f）张贴式POP

图1-47 不同类型的POP广告

2. 按制作工艺分类

（1）计算机类POP（图1-48）。计算机普及后，计算机POP已可以取代书写的表现方法，并可进行大量的复制。计算机制作的POP相对手绘POP而言缺少生命力，也缺乏亲和力。

图1-48 计算机类POP

（2）手绘类POP（图1-49）。手绘POP有"手迹"、书法之意，意思是"徒手写出来的文字图案"。以"手绘"方式表达促销之意的广告，都可以称为"手绘POP广告"。

图1-49　手绘类POP

（三）POP常用工具（表1-24）

表1-24　POP常用工具表

工具	应用
马克笔类 30mm　20mm　12mm　6mm	·宽头油性马克笔（有12种颜色，笔头宽度有30mm、20mm、12mm、10mm、60mm） ·双头油性马克笔（较宽的一端为6mm的斜头，另一端为2mm的圆头。经常用6mm的斜头书写海报正文部分，用2mm的圆头描绘标题字的轮廓或插图的轮廓）
毛笔类	·不同的笔材和工具体现不同的题材和风格。在对手绘POP进行创作的时候，经常会运用到一些古典或者传统的题材，这时就需要用到毛笔 ·"提斗"毛笔能烘托主题，营造氛围 ·正文部分可以用"狼毫"毛笔来书写
油漆笔类	·油漆笔是一种特殊的笔材料，需要用力挤压才能书写，在对手绘POP海报进行特殊效果装饰的时候经常会用到它 ·油漆笔常用的颜色有金色、银色和白色等

工具	应用
勾线笔类	·勾线笔是一种很纤细的笔，常用来勾画插图细节部分均匀的线条等。勾线笔的粗细有0.1~2mm ·由于勾线笔的笔尖很细，墨水干后很容易堵住笔尖，所以，用过后应及时盖上笔帽，以免下次使用时不出墨水
辅助工具	·剪刀：因为直接在彩色纸张上书写文字会造成吃色现象，需要在铜版纸上绘制好标题字和插画，然后用剪刀剪下 ·美工刀：裁切不同颜色的纸张，进行拼接 ·双面胶：粘贴裁切好的插图和标题等部分 ·修正液：在深色纸张上书写白颜色的文字或绘制图案
纸张	·铜版纸：颜色纯白，表面非常光滑，不会出现吃色现象，马克笔的所有颜色都会在铜版纸上一一地体现出来，在制作白底海报的时候铜版纸是首选 ·彩色纸：纸张本身带有颜色，种类繁多 ·彩胶纸：也叫彩色胶版纸，纸张的表面比铜版纸粗糙一些，但颜色比较丰富，是表现POP海报的重要载体之一。一些视觉冲击力比较强的彩底海报都是靠它来体现的，诸如开业庆典等题材的海报更是需要它来烘托气氛 ·皮纹纸：就是表面带有暗纹的纸张，它比彩胶纸更粗糙一些。皮纹纸在手绘POP海报制作当中的作用也不可忽视，在制作一些体现中国传统风格或较高档次的海报题材的时候，皮纹纸是首选，因它表面的暗纹可以很好地体现海报的风格和质感 ·包装纸：即平时生活当中包装礼品所用的纸张，这类纸张表面都带有图案，而且样式繁多。在制作手绘POP海报的时候，如果想表现时尚或动感性比较强的风格或气氛时，可以选择包装纸来制作

（四）手绘POP的优点

（1）制作成本低廉。手绘POP的成本少则几元，多则十几元，制作成本远远低于印刷或者喷绘。

（2）速度快、机动性强。手绘POP不需要等待或者配合计算机等作业，只需要笔和纸就能完成，可缩短整体制作时间，随时满足制作的需求。

（3）亲和力。手绘POP不同于一般的印刷制品，因为采用手工制作，所以作品流露出特别的亲切感，更能吸引消费者的注意。

（4）传递信息力强。商场里的POP可以直接对消费者传达信息，告知促销内容、价格、产品推荐等，以达到促使消费者购买的效果。

（5）时效性强。手绘POP易学易做，不需要投入太多时间忙于构思、设计、制作。

（6）活跃商场气氛。手绘POP能配合商场的整体格调，不但有助于产品的推销，而且能营造最佳气氛。

（五）手绘POP线条

（1）当笔锋与纸张呈垂直状态时，可以写出横向的笔画，称为"横向握笔"。

（2）当笔锋与纸张呈平行状态时，可以写出纵向的笔画，称为"纵向握笔"。

（六）手绘POP字体

（1）正字概念。"正正方方"的字为正字，它是初学者最为基本的练习对象。正字是POP字体当中最容易书写的，这种字体给人以工整、正统的感觉。正字的特点是横平竖直、比例均匀，可以通过它的字体结构来进一步掌握。

（2）活字概念。和结构严谨的正字刚好相反，活字更具有趣味性和动感，它非常灵活，可以适应不同主题的需要。正字虽然清晰、整齐，但是感觉比较呆板，而活字变化多，韵律感十足，也是手绘POP课程中要重点掌握的字体。

（七）POP字体练习

POP字体在设计的过程中始终遵循字体的结构方向，字体结构有独立结构、左右结构、上下结构、半包围结构、全包围结构等。在书写过程中掌握笔画的方向与握笔的技巧，多加练习。

1. 阿拉伯数字书写（图1-50）

图1-50　阿拉伯数字书写

2. 中文数字书写（图1-51）

图1-51　中文数字书写

3. 中文书写（图 1-52）

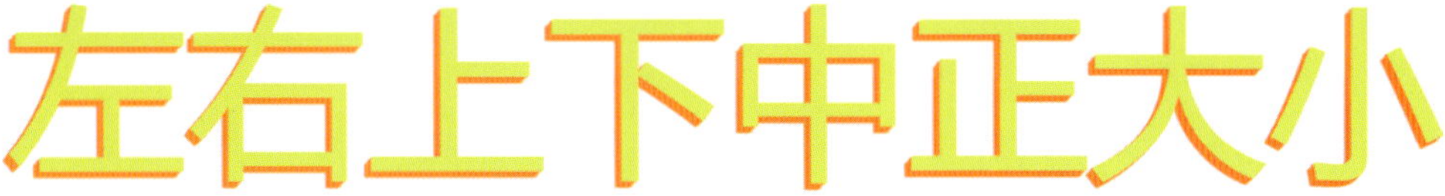

左右上下中正大小

图 1-52　中文书写

4. 英文字母书写（图 1-53）

ABCDEFGHIJK
LMNOPQRSTU
VWXYZ

图 1-53　英文字母书写

5. 艺术字书写（图 1-54）

图 1-54　艺术字书写

二、任务设计

（一）任务主题

POP字体练习，完成阿拉伯数字1～10、中文数字一至十的书写。

（二）任务条件

教学PPT、希沃教学一体机、POP专用作业纸、马克笔。

（三）任务组织

（1）可以先掌握马克笔的书写方式，在草稿纸上练习横、竖、撇、捺。

（2）每人完成阿拉伯数字1～10、中文数字一至十的POP字体书写。

（3）每人完成独立结构、左右结构、上下结构、半包围结构、全包围结构的POP字体书写。

（四）任务实施（表1-25）

表1-25　任务实施表

步骤	操作及说明	标准
练习	草稿纸上练习横、竖、撇、捺	墨水出色均匀，笔画粗细一致，转折流畅
书写	完成阿拉伯数字1～10、中文数字一至十的POP字体书写	每一个字都应该认真书写，符合标准
提升	完成独立结构、左右结构、上下结构、半包围结构、全包围结构的POP字体书写	能坚持练习并独立完成

（五）任务评价（表1-26）

表1-26　任务评价表

评价内容	评价标准	分数		
		师评	互评	自评
活动完成情况	·能画出阿拉伯数字1～10、中文数字一至十的POP字体 ·墨水出色均匀，笔画粗细一致，转折流畅			

三、课后作业

·活动一

练习简单的中文：只、尼、中、上、下、左、右、又、田等POP字体。

·活动二

练习独立结构、左右结构、上下结构、半包围结构、全包围结构的POP字体（正字、活字体）。

工作任务八

海报设计

海报功能——成为每个时尚品牌的招牌

海报设计与插画艺术

插画艺术——提升海报的美感与时尚感

职业能力

· 能识记 POP 的构成要素。

· 能设计 POP 海报的插画、正文等内容。

核心概念

· POP 海报的结构：文字、插图、装饰、主标题、副标题、正文、落款、地址、电话。

一、基本知识

一张完整的手绘POP作品包括文字、插图、装饰等，其中的文字部分又包含主标题、副标题、正文、落款、地址、电话等。想要创作一张优秀的手绘POP作品，只学会书写POP字体还是远远不够的，需要掌握多种元素，如插画设计、版面设计、色彩搭配、主题提炼等。要把这些构成元素组合在一起综合运用起来。

通过本章节的学习和创作，能让大家学会"顾整体纠局部"的方法，这样创作出的作品不仅结构设计严谨、规格高，而且完全发挥出设计者手绘POP的创作思维，能起到增加手绘POP广告魅力的作用。

（一）手绘POP海报构成要素（图1-55）

1. 主标题

主标题是整张手绘POP海报的中心思想，也是整张海报的重心，需要依靠它来吸引消费者的眼球，从而达到广告效应。主标题的字体一定要醒目、清晰，易于阅读，字数上不宜过多，以2s左右可以阅读完为限。为了达到醒目效果，一般都选择20mm或30mm的油性马克笔进行书写，再添加一些装饰。

2. 副标题

由于主标题的字数比较少，对POP的内容无法进行充分的说明，这时就需要添加一

图1-55　海报构成要素

个副标题来对其进行解释和说明。

3. 正文

正文是手绘POP海报中的主要文字部分，一张POP海报要向消费者或顾客阐述的具体内容是什么，都要靠正文部分来体现。书写正文的时候要注意简明扼要，避免语句不通；字数不宜过多，颜色尽量统一。

4. 插图

插图即插在文字当中用于解释和说明文字的图画。在手绘POP海报里，形象贴切的插图更能烘托主题，会使POP海报的视觉冲击力更强。一般是用记号笔绘制插图轮廓，然后用水性马克笔为插图填充颜色。在绘制插图的时候，要根据海报的具体内容和题材来制作，例如，海报主题为化妆品类题材，绘制女性插图比较贴切，切不可根据个人喜好不顾主题去随意创作。

5. 装饰图案

在POP海报中比较空的地方经常绘制一些装饰图案，起到填补画面空白、丰富画面色彩等作用。

（二）POP插画的分类

（1）可爱的风格。将写实的人物、物品变成可爱的风格，如图1-56所示。

图1-56　可爱风格的插画

（2）黑白的主题。运用点、线、面的结合，营造画面层次感与艺术性，如图1-57所示。

图1-57　黑白主题的插画

（3）写实的风格。将POP的画面调整到一种高清的状态，很真实，如图1-58所示。

图1-58　写实风格的插画

（4）夸张的风格。将画面设计得夸张、生动、有趣，有艺术感，如图1-59所示。

图1-59　夸张风格的插画

（三）手绘POP海报的版面设计

海报版面设计是指在白色或有颜色的纸张上对纸张的整体做排版，将标题、正文、插图等做合理的布局，形成海报绘制的雏形。白色的海报纸能把马克笔的颜色丝毫不差地表现出来，不会把马克笔的颜色吃掉，另外，白底海报颜色单纯，适合做各种变化，是充分发挥创意思维最好的素材，白底海报适合初学者，也深受手绘POP成手的喜爱。

有颜色的海报纸考验设计者的基本功，其底色容易把马克笔的颜色弄"脏"，故设计者可利用白色纸做局部的设计（如插画、标题等）。

1. 横版海报设计（图1-60）

海报的制作不要去盲目地绘制，首先要在纸张上把版式设定好，也就是说，要先把海报的各个组成元素所在的位置、所占的面积规划妥当，然后进行下一步操作。

图1-60 横版海报设计

2. 竖版海报设计（图1-61～图1-63）

竖版海报制作比横版海报制作微容易些，因为竖版海报格式比较好控制，通常标题字在上，插图和正文在下，不像横版海报要考虑左右的对称和重心的问题。

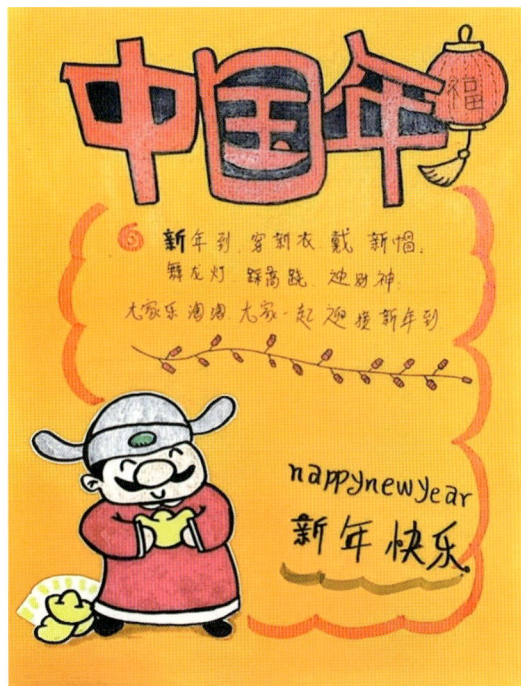

图1-61　竖版海报设计（一）

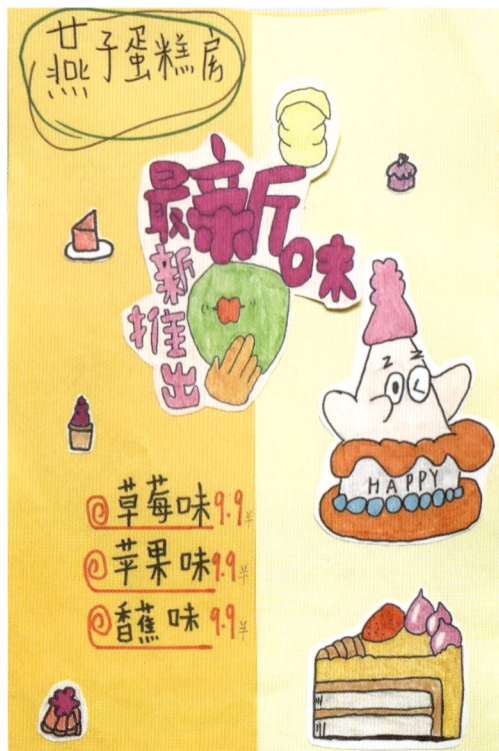

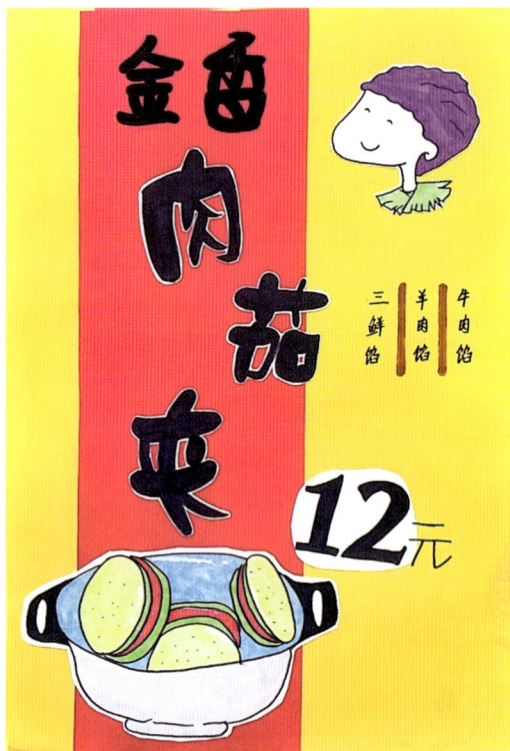

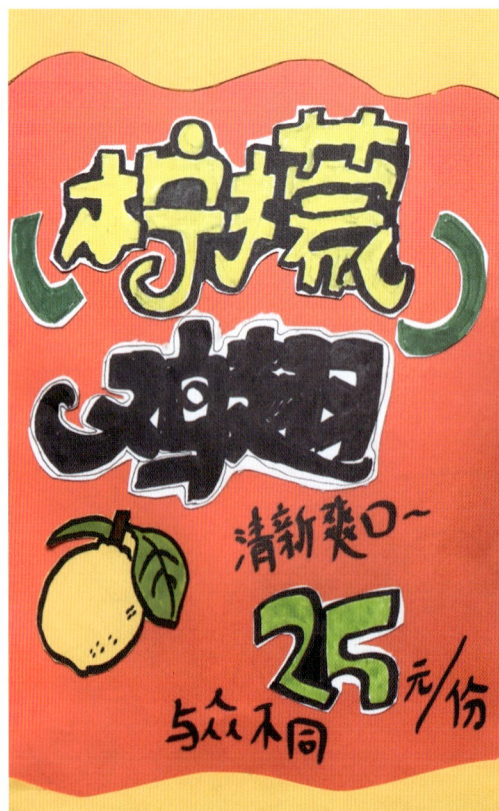

图1-62 竖版海报设计（二）

图1-63　竖版海报设计（三）

二、任务设计

（一）任务主题

POP海报设计，完成POP海报设计2～3款。

（二）任务条件

教学PPT、希沃教学一体机、POP专用白纸、马克笔。

（三）任务组织

（1）可以对海报进行合理的排版，在草稿纸上进行内容与版面设计。

（2）每人完成与所学专业相关的海报设计一幅。

（3）针对某一促销活动或某一主题，每人完成海报设计一幅。

（四）任务实施（表1-27）

表1-27　任务实施表

步骤	操作及说明	标准
排版	在草稿纸上进行内容与版面设计	主题突出，设计与排版合理
设计	在白纸上定稿，描绘出底稿。对正文部分进行提炼	比例把握准确，内容与主题相符
完成	海报的文字、插图、装饰、主标题、副标题、正文内容，上色	能独立完成海报制作

（五）任务评价（表1-28）

表1-28　任务评价表

评价内容	评价标准	分数		
		师评	互评	自评
活动完成情况	·海报的文字、插图、装饰、主标题、副标题、正文内容，上色画面色彩搭配丰富、有创意 ·POP笔画粗细一致，转折流畅			

三、课后作业

·活动一

以节日为主题设计一款促销海报。

·活动二

以专业特色为主题设计一款宣传海报。

模块二

素养技能篇

工作任务一

陈列道具认知及应用

陈列道具应用——使产品富有生命力，提升价值感

道具使陈列有了良好的基础

店铺常用道具——配合产品使用，增加产品的魅力

职业能力

· 能辨别陈列道具，掌握它的使用方法。

· 能对道具进行归类收纳与护理。

核心概念

· 店铺常用的陈列道具：模特、挂通、配饰展示道具、层板、流水台、可移动货架、橱窗材料、货场道具。

· 陈列道具介绍与维护：衣架、鞋架、包架、S钩、鞋撑、靴撑、托盘及配饰展示板、头模、手模、围巾架。

一、基本知识

装修是店铺形象的基础，但是装修不能等同于店铺拥有了完整的陈列，装修是"一时"的事，而陈列是"一世"的事。

陈列的道具是一种广泛应用在卖场的辅助产品展示功能与特点的媒介，是借助各种材料制作的模型、支架、托板和台架等来陈列展示商品的物品。如珠宝首饰展示台、化妆品展示台和柜、不锈钢服装展示架、眼镜陈列展示架、中岛架、流水台、靠壁架等。

（一）店铺常用的陈列道具

模特——非常重要的陈列道具，陈列服饰很直观，给顾客充分的想象空间。

挂通——卖场中最为重要的道具，用来陈列正挂、侧挂、叠装等。

配饰展示道具——鞋托、包架、帽托、头模、手模、围巾架、陈列托盘等，来展示各种配饰。

层板——主要是用于配饰和叠件的展示（做相邻的叠件，或相搭配的配饰）。

流水台——重点突出配饰和叠件的展示，也可以结合模特等道具作为店铺"岛"的展示。

可移动货架——用来展示重要的货品，在货场中运用非常灵活。

橱窗材料——每季都有不同的橱窗材料，根据季节、活动、节日设计相应主题的橱窗材料。

货场道具——用于加强货品陈列主题，丰富货场视觉效果，什么素材都可以成为道具，但是风格是根据主题进行选择的。如艺术品、花艺、家居、装饰品等。

（二）店铺陈列基本道具介绍（表2-1）

表2-1　陈列基本道具表

陈列道具	使用要求
上衣架	·使用衣架前，注意衣架的正反和挂钩的正反 ·套头式服装，最好不要强撑领口，从下面挂入衣架 ·挂好后，要对服装进行规整，使衣服看上去平整、舒展、服帖
上衣架（防滑）	·用带防滑托的衣架陈列上衣时，不要露出防滑圈 ·领口比较大的衣服，要先确定衣架上是否有防滑圈，防止衣服掉落

陈列道具	使用要求
多功能衣架 	· 多功能衣架通常使用在成套服装（西装）的陈列中，单件上衣最好避免使用 · 悬挂裤子时，注意裤子的方向，门襟朝前，裤子在衣架上要居中 · 该衣架也可以陈列围巾等配饰
裤架 	· 此类裤架陈列方式分为：敞开式、封闭式、多样式，多用于单独裤装，两个夹子的位置要对称 · 挂裤子之前要先将裤子进行规整，例如，提前熨烫好，将前档、后档、口袋等部位进行处理
长裙架 	· 此类衣架多用于裙子、短裤与上衣进行搭配时使用 · 特殊情况下也可以陈列长裤 · 挂裙子和短裤之前要对服装进行规整，注意两个夹子要对称 · 此类裙架下面可以根据需要调节长短
单架 	· 此类衣架多用于帽子、项链、手套、胸花、袜子等配饰的陈列 · 注意挂钩的方向要与其他的衣架保持一致
鞋架 	· 鞋架使用前要注意调试好它的高度 · 不同高度的鞋跟，鞋架的高度也不同
包架 	· 使用包架之前要先调节好包架的高度 · 原则上包悬挂后，看不到底盘

续表

陈列道具	使用要求
S钩 	·多使用在挂通中，用于悬挂搭配的包、夹克上衣、牛仔裤、风衣等 ·多使用在休闲风格的服装展示中
女鞋撑 	·根据鞋子的款式、高度搭配使用 ·鞋撑的弧度会有些差异，使用时要注意它会不会对鞋子的外观造成变化，避免撑坏鞋子
靴撑 	·根据靴子的长度选择靴撑的长度 ·靴撑使用时不能将它裸露在外 ·建议顾客在家对靴子也进行维护时，使用靴撑或雪梨纸做填充，维护靴筒
男鞋撑 	·它起到皮鞋定型保护作用，防止鞋子变形 ·檀头开衩内有弹簧，可横向微调。后跟有挂环，易于提取，还可以挂起鞋子 ·左右弹性空间距离约0.8cm，前后弹性空间距离2cm，皮鞋要与鞋撑的尺码一致
可移动货架 	·可移动货架是货场陈列中非常重要的道具，可以随意搬动，改变店铺格局和卖场顾客行走路线 ·可移动货架形式很多，不同的品牌使用的货架形式不同
托盘 	·托盘可以陈列围巾、手包、香水、鞋子、配饰等以提升产品品质 ·注意保持托盘干净卫生
饰品展示板 	·饰品展示架类别有很多，有些甚至做成一面饰品墙 ·注意保持展板干净卫生

陈列道具	使用要求
陈列方块 	·多用于陈列包包、鞋子等产品，与流水台人模等组合在一起进行陈列，也可以在橱窗中使用 ·方块高低、颜色、形状、材质丰富
陈列摆件 	·卖场中为了营造氛围常常会使用一些有艺术感、有创意的小摆件 ·摆件丰富多彩，可以是书、石膏、画、花等艺术品，也可以是生活中常用的凳子、动物等摆件

二、任务设计

（一）任务主题

卖场道具大盘点：清点卖场中你看到的道具并标注它的名称、用途、性能，用笔记本记录下来。

收集特殊的道具：在网上寻找特殊的道具，并分析使用特殊道具对卖场营造的氛围感对卖场有怎样的影响，并编辑成文档。

（二）任务条件

教学PPT、希沃教学一体机、服装卖场。

（三）任务组织

（1）班级进行分组并推选出组长，负责组织组员完成任务，学习过程中完成小组工作照片拍摄。

（2）每组完成卖场道具盘点工作，细致认真地记录下来。

（3）小组成员网上搜索卖场中运用特殊的道具案例、图片，讲解其特点与优势。

（4）每组完成后进行展示，其他组员可以进行点评和补充。

（四）任务实施（表2-2）

表2-2 任务实施表

步骤	操作及说明	标准
交流	小组成员对活动内容进行交流	相互合作，共同探讨与学习
展示	根据组员收集的特殊道具案例、图片进行PPT汇报	分析实景图片内容正确，声音洪亮，使用专业术语
汇报	小组成员可以进行补充，其他组员也可以发表意见与评价	接受其他组的补充与纠正，听取其他组的展示并能给出自己的意见和想法

（五）任务评价（表2-3）

表2-3 任务评价表

评价内容	评价标准	分数		
		师评	互评	自评
活动完成情况	·能正确清点卖场道具的数量，说出它的名称与用途 ·能准确分析特殊道具为卖场营造的氛围感，并评价它的优劣			

三、课后作业

·活动一

练一练，在卖场中正确地运用道具进行产品的陈列，并将陈列好的效果拍摄下来。

·活动二

市场调研，在商场中观察你看到的陈列道具，并用手机拍摄下来，思考其运用在卖场中的意义与特点，并编辑成文档。

工作任务二

上衣叠装陈列

卖场中常见的有多种陈列形态

品牌定位不同、风格不同，陈列形态也会各不相同

常见的形式：叠装陈列、挂装陈列、人模展示陈列等

职业能力

· 能完成翻领 POLO 衫、圆领印花 T 恤的叠装。
· 能完成 3 件以上的叠装组合。

核心概念

· 上衣折叠后一般比例为 1：1.3。
· 折叠陈列同款、同色的服装，从上到下的尺码应从小到大。
· 同款、同色薄装 4 件一叠摆放，厚装 3 件一叠摆放。

一、基本知识

（一）翻领POLO衫

店铺陈列除了展示商品和体现品牌文化，也像一个"无声的推销员"，吸引顾客的注意力并提高了顾客的进店率。每一处陈列都有它的故事，每一个故事都是一段美的享受。

1.道具准备

（1）不同码数，相同颜色翻领POLO衫若干（图2-1）。

（2）流水台。

（3）蒸汽挂烫机。

（4）衣架若干。

（5）纸板备用。

图2-1　翻领POLO衫

2.方法步骤（表2-4）

表2-4　翻领POLO衫叠装步骤

步骤	图示
1.先将翻领POLO衫拆开包装，用衣架从下摆放入挂好。同时，将领子翻折好并扣齐扣子，检查并清理多余的线头	

步骤	图示
2.挂烫机放入充足的水，加热后，按照挂烫机指示温度，从上到下、从前至后熨烫POLO衫，直到全部平整	
3.前后检查熨烫平整后，POLO衫无水渍、冷却后，衣架从下摆取出	
4.把POLO衫放置在台面上，衣服正面朝上，注意领子扣好、侧缝平整	

续表

步骤	图示
5.把衣服翻转过来，反面朝上，注意领子、侧缝平整	
6.肩膀至领口处留两指宽，侧缝往衣服后背折叠衣身，要求折叠一侧线条平直，并垂直下摆	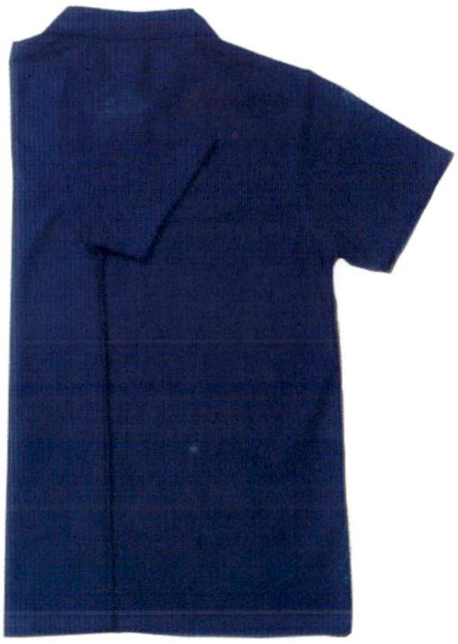
7.另一侧折叠如步骤6，要求折叠侧线条平直，并垂直下摆，折叠后下摆略窄于肩部1cm；肩部左右折叠部分相同，抚平袖子部分褶皱	

步骤	图示
8.折叠后比例1：1.3为佳。如服装过长，可在折叠时，下摆翻折少许	
9.两手食指与拇指分别捏住下摆左右两侧，利用惯性力迅速带至肩部，不可超过肩部折叠位置	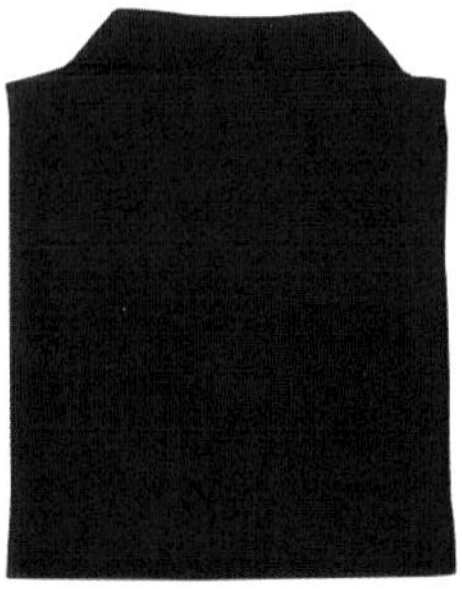
10.两手食指与拇指分别捏住肩部左右两侧，利用惯性力迅速翻转过来	

续表

步骤	图示
11.检查折叠后的服装是否平整方正，折叠上下左右是否对称，并用五指平抚整理	
12.肩部折叠留位相同，折后服装宽度基本一致，按此要求调整。一般服装叠放码数由小到大，从上到下。要求所有同款服装折叠后尺寸全部相同	

（二）圆领印花T恤

圆领印花T恤在折叠时应考虑T恤的面料质地、印花图案展示方法与技巧，在选择折叠方法时尽可能地表现出它的图案与特色。在遇到不好把控的软、易皱面料时，可以增加纸板、大头针等辅助成型。

1.道具准备

（1）不同码数，相同颜色圆领印花T恤若干（图2-2）。

（2）流水台。

（3）蒸汽挂烫机。

（4）衣架若干。

（5）纸板备用。

图2-2　圆领印花T恤

2. 方法与步骤（表 2-5）

表2-5　圆领印花T恤叠装步骤

步骤	图示
1.先将T恤拆开包装，用衣架从下摆放入挂好。T恤熨烫平整后，无水渍，冷却后，衣架从下摆取出	
2.把T恤放置在台面上，衣服反面朝上，注意领子、侧缝平整。如T恤过于轻薄或后续需要做造型，可加入纸板做支撑垫板	
3.肩膀至领口处留2～2.5cm宽，折叠纸板居中放置T恤后中，距离领口1cm，侧缝往衣服后背折叠衣身	

步骤	图示
4.折叠后如袖子部分过多褶皱，可翻折袖口，使折叠处平整，无凸起部分	
5.另一侧折叠如步骤3，要求折叠侧线条平直并垂直下摆，折叠后下摆略窄于肩部1cm，肩部左右折叠部分相同	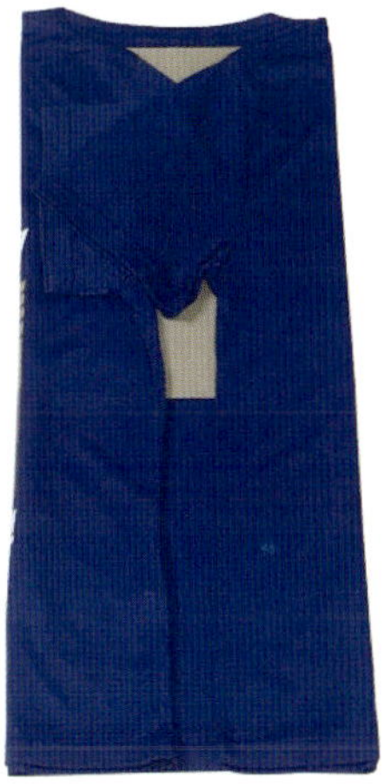
6.如袖子部分过多褶皱，翻折袖口，使折叠处平整，无突起部分。此处袖子翻折宽度、朝向无统一规定，要求平整无突起即可	

步骤	图示
7.如需T恤前片图案做展示造型，要展示的部位即为折痕处，将下摆多余部分翻折，再折至需展示的图案部位处	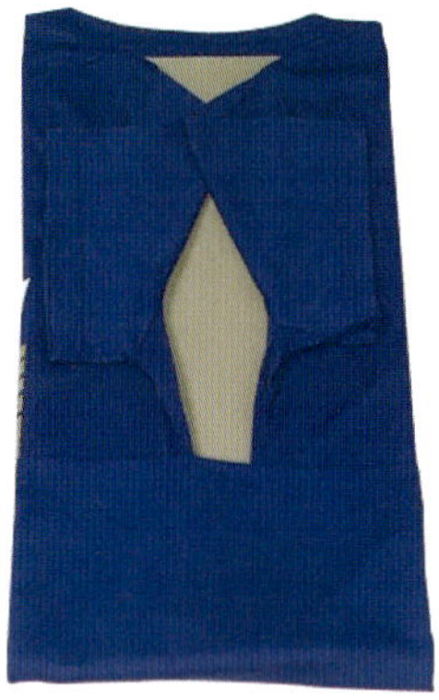
8.折叠后双手食指与拇指分别捏住肩部左右两侧，利用惯性力迅速翻转过来。切勿折压展示的图案部位，任其形成自然的曲度	
9.预计多件T恤叠加后折痕展示的厚度，用相同的折叠方法，再折叠1～2件同款同图案T恤，其折痕处依次错位（折叠时注意服装图案的衔接，折叠时不断调整位置使图案对齐）	
10.将折叠好的T恤依次叠放，调整展示图案的位置，保证图案展示完整，整个叠装大小一致，平整规范	

二、任务设计

（一）任务主题

上衣叠装展示大比拼。

（二）任务准备

（1）流水台：用于折叠服饰。
（2）纸板：叠装备用。
（3）每组同款同色（可不同码）上衣：模拟卖场陈列场景。

（三）任务实施（表2-6）

表2-6 任务实施表

步骤	师生活动	作用
实施	学生分组，布置安排上衣叠装大比拼任务	相互合作，共同探讨与学习
展示	根据不同叠装手法，各小组展示叠装成果	展示成果的同时，复述上衣叠装要点
汇报	小组间成员可相互补充评价，教师最后发表意见与评价	通过组员自评、小组互评、教师点评等多元化的评价方式，巩固学习重点

（四）任务评价（表2-7）

表2-7 任务评价表

评价内容	评价标准	分数		
		师评	互评	自评
活动完成情况	·能按照步骤完成一件T恤、POLO衫叠装，叠装比例1∶1.3，方正、不翻边、不起皱 ·能完成3件T恤、POLO衫叠装，正确叠放叠装的尺寸，比例大小正确			

三、课后作业

想一想，翻领POLO衫和圆领T恤叠装的特点，举一反三，完成四件同款同色衬衫的叠装展示。

工作任务三

裤子叠装陈列

叠装陈列的意义——提高卖场的存储商品量

叠装是把商品折叠后进行陈列

叠装的适用范围——T恤、衬衫、牛仔裤、毛衫等

职业能力

· 能完成牛仔裤 / 休闲裤的叠装。

· 能完成3~4条裤子的叠装组合。

核心概念

· 裤子折叠后一般比例为 1 : 1.3。

· 折叠陈列同款同色的裤子，从上到下的尺码应从小至大。

· 同款同色（可不同码数）裤子视厚薄3~4条叠放。

一、基本知识

（一）侧门襟牛仔裤叠装

裤子叠装展示所占空间小，因此，一般休闲品牌的店铺会充分利用卖场的空间储备货品，同时利用大面积的叠装展示，从视觉上给顾客强烈的感受。

1.道具准备

（1）不同码数，同款同色牛仔裤/休闲裤若干（图2-3）。

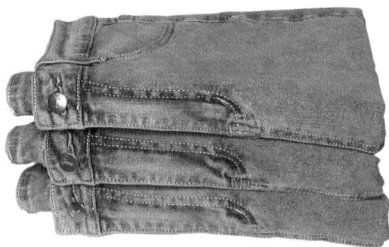

图2-3　牛仔裤

（2）流水台。

（3）蒸汽挂烫机。

（4）裤架若干。

（5）纸板备用。

2.方法与步骤（表2-8）

表2-8　侧门襟牛仔裤叠装步骤

步骤	图示
1.先将裤子拆开包装，用裤架夹好。扣好扣子，拉上拉链，检查并清理外表多余的线头	

步骤	图示
2.挂烫机调至棉麻温度指示，加热后从上到下、从前至后熨烫裤子，直到全部平整	
3.前后检查熨烫平整后，裤子无水渍，冷却后，裤架从下摆取出	
4.翻折左侧一条裤腿，脚口一侧过后中线，另一侧不可露出裤子侧缝	

步骤	图示
5.另一侧裤腿按照相同方式翻折，重叠裤子后中部分相同，五指张开，轻抚裤身	
6.再折左侧裤腿，折至腰头一半处，左侧依然不能外露。两次折叠，裤子侧缝必须平齐	
7.另一侧裤腿按照相同方式翻折，裤腿在后中重叠一小部分，五指张开，轻抚裤身，切记勿压	
8.把裤子以后中为折痕，翻折，侧边只露出完整的裤子门襟部分，张开拇指用虎口处整理门襟，抚方正	

步骤	图示
9. 门襟整理好后，检查腰头、裤腿处是否平齐（由于门襟不居中，侧缝叠加不会平齐，约有3cm的空差）	
10. 按相同方法折叠同款同色裤子，不同码数可在步骤4~6翻折时，注意折叠成品的长度	
11. 裤子从上到下、码数由小到大叠放，注意门襟处一定要平齐并垂直平台。注意：门襟（拉链位置）开口朝下	
12. 牛仔裤叠装俯视效果：门襟全部平齐于侧边，门襟面垂直平台，裤腿处平齐，折叠饱满无塌陷	

续表

步骤	图示
13.牛仔裤叠装侧视效果：外露门襟形状相同并平齐，所有扣子在一条水平线上，裤腰外露部分全部一致	
14.牛仔裤叠装正面效果：如叠加的裤子侧缝处过多倾斜，可在步骤8处增加纸板辅助	

（二）牛仔裤裤腿卷边叠装

通常裤子的设计点基本在腰部、袋口及脚口部分，因此可以通过花样折叠手法展示设计特色部分。

1. 道具准备

（1）不同码数，同款同色牛仔裤/休闲裤若干（图2-4）。

（2）流水台。

（3）蒸汽挂烫机。

（4）裤架若干。

（5）纸板备用。

图2-4　牛仔裤

2. 方法与步骤（表2-9）

表2-9 牛仔裤裤腿卷边叠装步骤

步骤	图示
1.按侧门襟叠法1~2步骤，熨烫平整后，裤子无水渍，冷却后，取下摆平整，前片面对面各部位对齐对折	
2.翻折上面的裤腿，找到裤腿1/2处，做好折痕记号	
3.根据1/2折痕找到裤腿1/4处（约裤膝盖附近），翻折裤腿	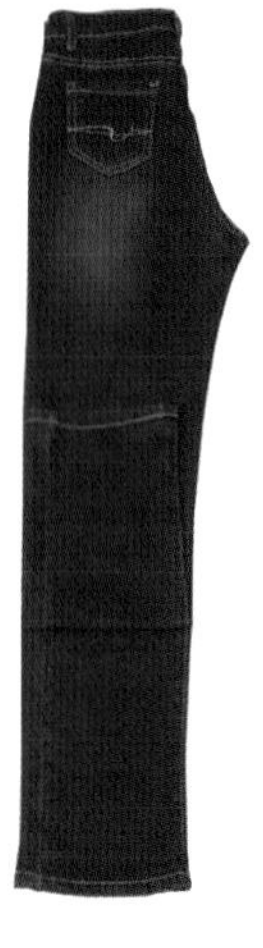

步骤	图示
4.翻折好的裤腿（膝盖处）卷成圆筒状，并用大头针固定，且针不外露，卷至裤长的1/3处	 
5.翻折下一条裤腿贴近卷筒，裤子翻折平齐裤侧缝	
6.把裤腰翻折至卷筒处，注意：不盖卷筒，卷筒外露，翻折平齐裤侧缝	
7.注意检查四周是否平齐，无突兀，卷筒是否大小一致、紧实。视裤子厚薄可2～4条同款同色裤子叠放	

二、任务设计

（一）任务主题

任务传递：5人一组，每个小组（选择一种展示方法）前4人折叠好裤子传递给第5人，此人把折好的裤子叠放好，整理后小组评比。

（二）任务准备

（1）流水台：用于折叠服饰。

（2）纸板：叠装备用。

（3）每组同款同色（可不同码）牛仔裤/休闲裤：模拟卖场陈列场景。

（三）任务实施（表2-10）

表2-10　任务实施表

步骤	师生活动	作用
实施	学生分组，布置裤子叠装接龙任务	团队合作，共同探讨与学习
展示	根据不同叠装手法，各小组展示叠装成果	展示成果的同时，复述裤子叠装要点，强调团队精神
汇报	小组间成员可相互补充评价，教师最后发表意见与评价	通过组员自评、小组互评、教师点评等多元化的评价方式，巩固学习重点

（四）任务评价（表2-11）

表2-11　任务评价表

评价内容	评价标准	分数		
		师评	互评	自评
活动完成情况	·利用不同的裤子叠装方法，完成裤子叠装接龙任务，叠装展示效果好，比例标准 ·小组测试叠装速度，每一次练习的速度不断提升			

三、课后作业

动手收集各种卖场上衣叠装造型，选出喜欢的展示造型，利用所学技巧模仿。

工作任务四

人模展示陈列

最接近人体穿着状态的展示方式，但展示空间大

最吸引顾客的陈列形态

较好的展示服饰细节和卖点，可直观传递商品信息

职业能力

· 能掌握模特换衣的基本方法。
· 能完成 3 ～ 4 件模特着装搭配组合。

核心概念

· 人模着装搭配必须完整。
· 人模展示的服饰应是店铺卖场的宣传重点。
· 人模展示的服饰必须熨烫、无破损、不露吊牌。

一、基本知识：人模着装

人模展示陈列通常通过多个模特或与其他道具组合，展示当季主推款式，并搭配饰品，陈列在店铺橱窗或卖场内最显眼的位置，利用最接近人体穿着展示方式，促进服饰连带销售。

（一）道具准备

（1）设计搭配好的、符合模特尺寸的服饰（图2-5）。
（2）蒸汽挂烫机一个。
（3）衣架裤架若干。
（4）人模。

图2-5　人模

（二）方法与步骤（表2-12）

表2-12　人模着装步骤

步骤	图示
1.检查人模及配件是否完好无损，注意清洁人模，保证无污渍	

步骤	图示
2.拆卸人模双臂，准备人模着装（如头部可拆，也需要拆卸头部）	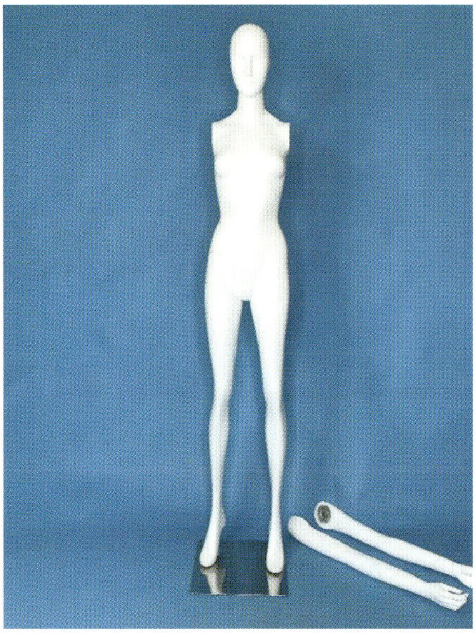
3.与人模面对面，双手扶住人模手腕均向前抬起约30°，顺着手臂方向，向上抬起，即可拆卸人模手臂	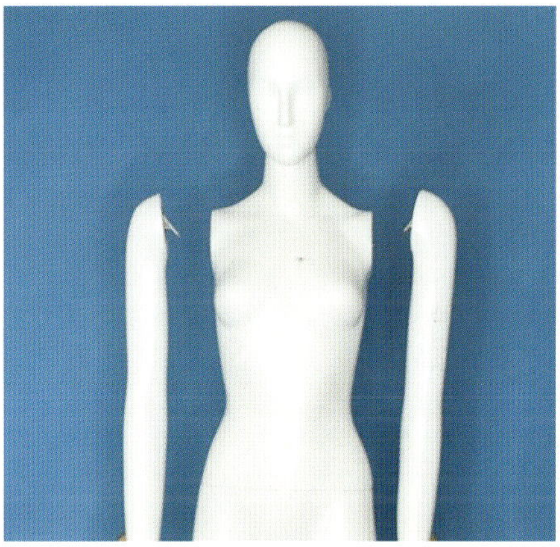
4.双手扶住人模腰部，尝试逆时针旋转30°左右，一边旋转腰部，一边向上提起上半身	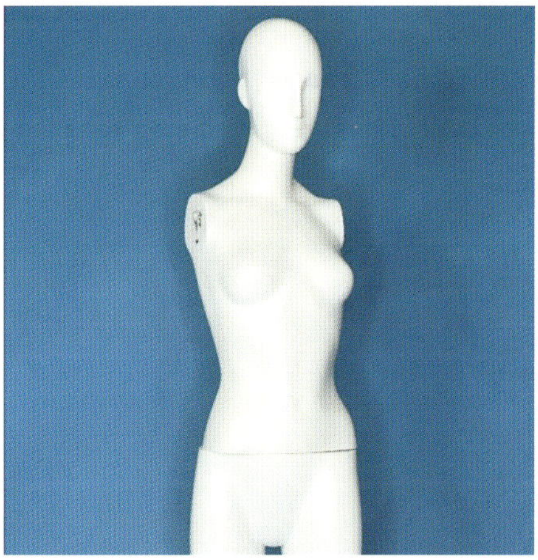

步骤	图示
5.把四肢和上半身放置在干净处等候人模着装	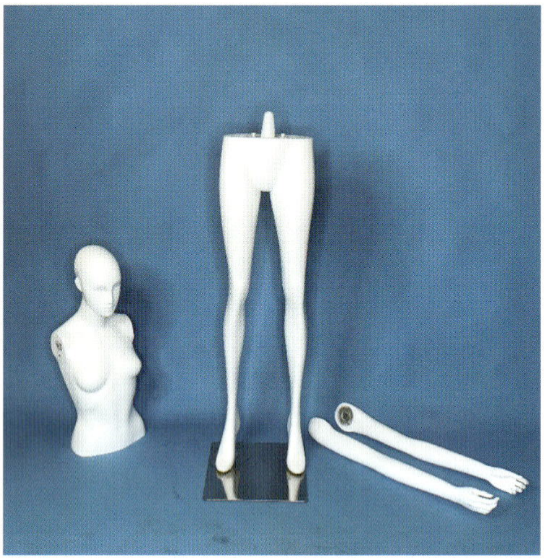
6.双手扶住人模胯部，垂直向上提起人模下半身	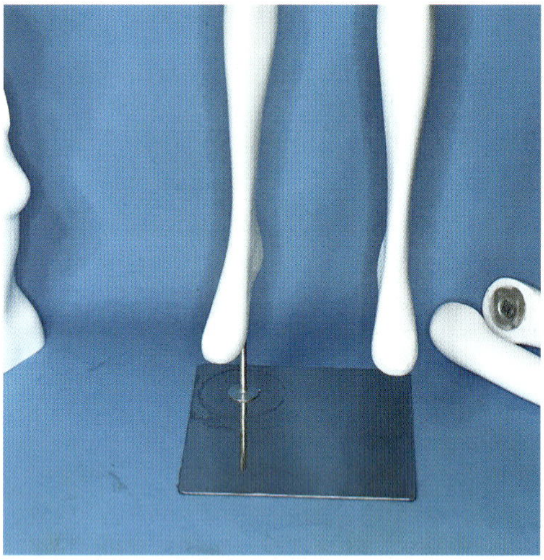
7.整个人模下半身翻转过来，腰部平放在干净的地面/平台上，扶好以防碰倒	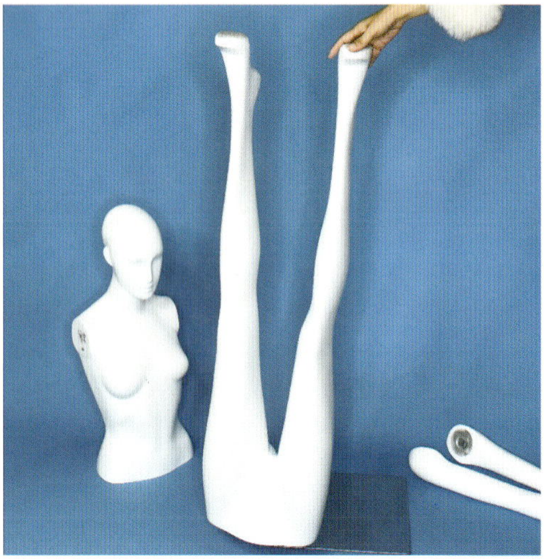

步骤	图示
8.面对翻转的下半身，把熨烫好的裤子，倒穿至人模腿中，保证人模不可摔倒	
9.把人模下半身翻转回来，垂直向下，按原脚底孔装回底座上，注意必须垂直放下	
10.把人模上半身按照拆下的角度放回	

步骤	图示
11.扭转回原来平整的样子，注意检查是否安装平整、角度到位	
12.把裤子穿好至合适位置，并整理平顺裤子口袋，裤底档提到位	
13.扣好扣子、拉好拉链，不可因是人模而只扣不拉，或只拉不扣	

续表

步骤	图示
14.从人模头部套入打底衣服；如是开衫，可只开一两颗扣子按套衫直接套入	
15.如是短袖衣服，人模手臂可直接从袖口穿入，按照手臂向前约30°扣入卡扣，再把手臂垂直转下	
16.检查人模手臂是否安装好，可隔着衣服，顺着手臂拼接缝抚摸检查	

步骤	图示
17.如是长袖衣服，可在不拉伸领口的情况下，人模手臂从领口穿入，按照手臂向前约30°扣入卡扣，再把手臂垂直转下	
18.再次检查两个手臂是否安装到位，并注意不可夹压衣服	
19.可根据款式搭配，适当做造型，突出服装特点	

步骤	图示
20.完成造型，检查细节	
21.人模双臂向后抬起约30°，面对人模，双手同时把外套套入人模手中	
22.根据服饰搭配技巧，整理服装细节。可适当加入配饰、鞋、帽、包等服饰品	

二、任务设计

（一）任务主题

人模换装速度大比拼。

（二）任务准备

人模1个，服饰若干。

（三）任务实施（表2-13）

表2-13　任务实施表

步骤	师生活动	作用
实施	学生分组，布置人模换装任务	相互合作，共同探讨与学习
展示	根据不同换装手法，各小组成员熟练换装技巧	展示成果的同时，强调服装搭配技巧及换装熟练程度

（四）任务评价（表2-14）

表2-14　任务评价表

评价内容	评价标准	分数		
		师评	互评	自评
活动完成情况	·按照标准的人模穿衣步骤完成模特穿衣工序，保护模特不受损坏，穿衣工序严谨，服饰搭配效果佳			

三、课后作业

分小组比试，按照人模穿衣步骤给人模换装。

工作任务五

正挂侧挂陈列

挂装陈列分为正挂陈列、侧挂陈列两种

挂装是最常见的陈列方式

为吸引顾客注意，常用组合陈列展示服装美感、风格等

职业能力

· 能掌握正挂、侧挂陈列的基本规范。

核心概念

· 进行正挂、侧挂的常规陈列。
· 根据常见的陈列形体构成设计不同的陈列展示组合。
· 了解色彩基本知识，注重色彩搭配。

一、基本知识

（一）正挂陈列

正挂是将服饰的正面朝前，通过正面的完整呈现，展示服饰款式特点、装饰细节及设计卖点，主要作用是吸引顾客购买（图2-6）。正挂陈列视觉效果突出，但占用的展示空间较大。

图2-6　正挂陈列

1. 正挂陈列规范

（1）衣架款式统一，挂钩一律朝左，方便顾客取放。

（2）可进行单件的服装陈列，也可进行上下装的搭配。上下装组合搭配陈列时，上下装套接的位置一定要到位。服装是否外露或塞进裤子中都要设计好，要有动态感，吊牌不外露。

（3）要考虑和相邻服装风格、长短的协调性。

（4）如有上下平行的两排正挂，通常将上装挂上排、下装挂下排。

（5）可多件正挂的挂通用3件或6件出样，同款同色尺码由外至内、从大到小排列。

2. 正挂陈列的作用（图2-7）

（1）展示服装的款式细节。

（2）展示搭配效果。

（3）体现区域色彩。

图2-7　正挂陈列的作用

（二）侧挂陈列

侧挂是将服饰侧向挂在展示挂通上的一种常见挂装陈列形态（图2-8），主要作用是吸引顾客购买。其占用的展示空间小，出样多，但不能直观展示服饰款式及细节特点，适合与其他陈列形态组合搭配。

图2-8　侧挂陈列

1.侧挂陈列规范（图2-9）

（1）衣、裤架款式应统一，挂钩一律向里，以保持整齐和方便顾客取放。

（2）衣架、裤架相间排列组合会形成特别的效果。

（3）服装的正面一般朝左方向，由左而右依序陈列，因为顾客用右手取商品较多。

（4）裤装采用M式和开放式夹法。

图2-9　侧挂陈列规范

（5）长短规范：从左到右或从右到左由长至短；尺码规范：从左到右由小码至大码；数量规范：侧挂陈列既要避免太空也要避免太紧。

（6）考虑和其他陈列方式的组合。侧挂既有出样的作用，又起着供顾客试衣的样衣作用，因此侧挂陈列应靠近同一系列的叠装，以方便顾客试衣。

2.侧挂陈列的作用

（1）可有效储存货品。

（2）构成陈列色区。

（3）体现组合搭配。

3.侧挂陈列色彩组合形式（图2-10）

（a）ABC形式

（b）ABCBA形式

（c）ABCABC形式

（d）ABAB形式

图2-10　侧挂陈列色彩组合形式

注　1.此挂通形式中的ABC均指颜色组合而非款式。
　　　2.陈列挂通要根据款式和货量，以及墙面的颜色组合来选择最佳的陈列搭配。

二、任务设计

（一）任务主题

侧挂陈列组合练习。

（二）任务准备

教学PPT、希沃教学一体机、服装卖场、衣/裤架若干、不同色服饰若干。

（三）任务实施（表2-15）

表2-15　任务实施表

步骤	师生活动	作用
实施	学生分组，挑选适合的服饰、衣/裤架，完成侧挂陈列展示	团队合作，共同探讨与学习
展示	运用色彩搭配技巧，设计侧挂组合	强调色彩搭配的运用，注意侧挂陈列的规范
汇报	小组间成员可相互补充评价，教师最后发表意见与评价	通过组员自评、小组互评、教师点评等多元化的评价方式，巩固学习重点

（四）任务评价（表2-16）

表2-16　任务评价表

评价内容	评价标准	分数		
		师评	自评	互评
活动完成情况	·色彩搭配和谐，设计侧挂组合符合规范 ·衣架使用正确，衣架方向正确			

三、课后作业

试一试，选择不同款式风格的服装若干，尝试运用正挂、侧挂陈列形态组合搭配完成一面板墙陈列展示。

工作任务六

陈列组合形式

陈列色彩搭配规律——强对比、弱对比、同类色

陈列组合形式是综合运用技能

常见陈列形态——叠装、挂装、人模展示陈列等

职业能力

· 能掌握常用的陈列组合形式展示技巧。

核心概念

· 灵活运用陈列展示形态。

· 掌握陈列色彩搭配规律。

· 穿着符合普通规律，又带有时尚引导性。

一、基本知识

服装店铺的陈列形态构成是指服装在卖场中体现出来的展示造型和组合形式。有两个以上的服饰元素就可以有组合的可能。在卖场中，有服装之间的组合，有服装和饰品的组合，也有服装和道具的组合。这些组合需要从美学、销售等多个角度设计搭配。

一件产品围绕着它的品牌风格、款式特点、使用功能等不同方面，在不同的展示方法及构成形式下，会传递不同的时尚信息，带给顾客不同的视觉感受。

（一）陈列形态构成基本要素

点、线、面是平面构成最基本的三要素，而陈列展示不仅是平面的形态，也是立体的形态。由展示形态延伸出其构成的基本要素为点、线、面、体（图2-11）。例如，陈列展示中的饰品接近"点"的形态，侧挂接近"线"的形态，而正挂接近"面"的形态，人模展示接近"体"的形态等。

图2-11　陈列形态构成的基本要素：点、线、面、体

（二）陈列形态构成原则

1.秩序感的体现

卖场通常从顾客的购物习惯、视觉秩序、选购产品的便捷性等方面考虑，可按照货品的尺码大小、从左到右的顺序陈列。

2.整体性的保持

整体性是指店铺中每个货品的形态造型、展示区域都要与卖场整个设计布局相同，要体现出整体感。

3. 美感的展示

陈列是为吸引顾客目光、激发顾客购买欲望、引导顾客消费的视觉营销手段。所以陈列展示的商品必须体现其美的地方，才会提升产品价值。

4. 品牌风格定位

每个品牌都有自己独特的设计风格，陈列展示的造型必须和品牌风格定位一致。

（三）常用的陈列组合形式

1. 对称法

以一个中心为对称轴（点），两边采用相同的排列方式。对称法在卖场中是主要的陈列组合形式，给人一种完整、和谐、规律的感觉，具有很强的稳定性，对称法又分为轴对称和点对称。

（1）轴对称（图2-12、图2-13）。

图2-12　轴对称陈列效果

图2-13　轴对称直观图

（2）点对称（图2-14、图2-15）。

图2-14　点对称陈列效果

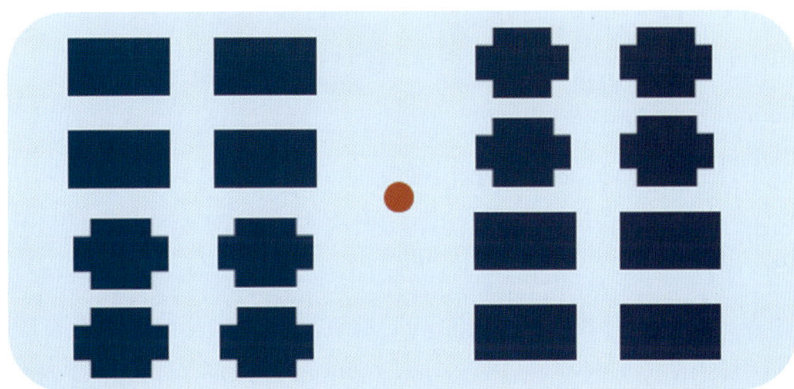

图2-15　点对称直观图

2. 重复法

重复法是采用两种以上不同形式的服装或饰品进行交替循环的陈列手法（图2-16、图2-17）。重复法是一种典型的、有规律的陈列组合形式，给人一种高低、强弱、和谐的感觉，具有韵律感。

图2-16　重复法陈列效果

图2-17　重复法直观图

3. 均衡法

采用多种方式组合，打破了对称的格局，通过展示方式及位置的精心摆放，来获得一种新的平衡，即均衡法（图2-18、图2-19）。均衡法在卖场中常用于陈列饰品，在秩序中凸显一份动感。

图 2-18　均衡法陈列效果

图 2-19　均衡法直观图

（四）陈列组合形式实际运用

掌握常用的陈列组合形式的展示技巧，便可以灵活运用到实际生活中来，并且可以把多种组合形式综合运用，注意从美学、销售学、管理学角度进行综合设计。

日常的展示设计可根据以下几个步骤进行组合形式的陈列设计：

（1）把卖场分为多个"面"来进行设计，以设计一面板墙为例。

（2）通常可以1.5m为一个单位把板墙分为若干单元，可分为A、B、C、D四个单元，如图2-20所示。

图2-20　四个单元的板墙

（3）设计一个单位A的展示组合，如图2-21所示，可运用叠装陈列、挂装陈列、人模展示陈列等形态。

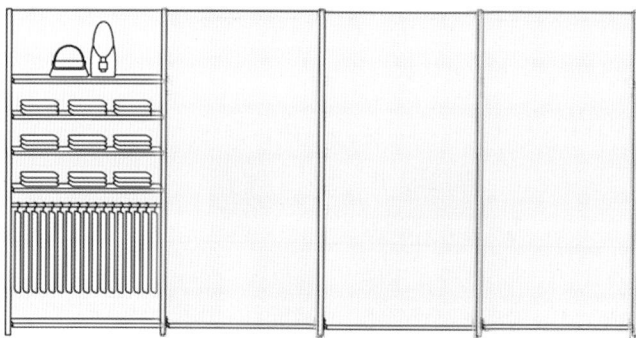

图2-21　单元A的展示组合

（4）再运用常用的陈列组合形式，即对称法、重复法、均衡法设计整个板墙。例如AAAA重复法的板墙，如图2-22所示。

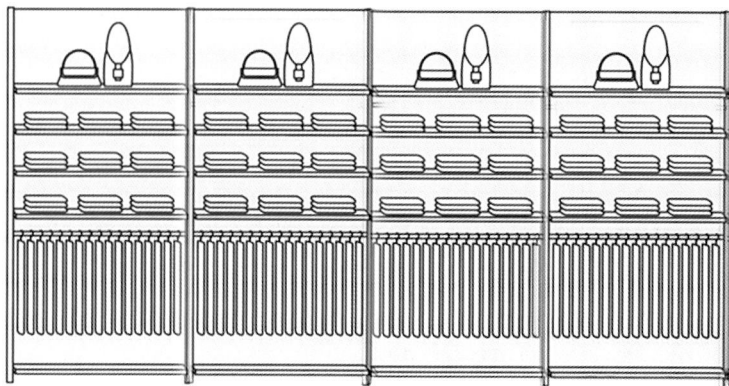

图2-22　AAAA重复法的板墙

（5）也可以再设计一个单元B，如图2-23所示。

图2-23　单元B的展示组合

（6）设计一个ABAB重复法的板墙，如图2-24所示。

图2-24　ABAB重复法的板墙

（7）设计一个ABBA对称法的板墙，如图2-25和图2-26所示，这两种陈列组合形式都运用了对称法。

图2-25　ABBA对称法的板墙（一）

图2-26　ABBA对称法的板墙（二）

（8）以此类推，加上陈列色彩搭配规律的运用，完成整个卖场陈列展示设计。

二、任务设计

（一）任务主题

板墙设计PK。

（二）任务准备

（1）尺寸相同或接近的空板墙：小组PK场地。

（2）风格统一的各种服饰：用于陈列展示。

（3）白纸、彩笔若干：用于板墙设计打稿。

（三）任务实施（表2-17）

表2-17　任务实施表

步骤	师生活动	作用
实施	学生分组，板墙设计手稿任务，确定手稿方案后，全体组员实完成现场任务实施	注意团队合作，让学生养成先制订方案再实施计划的习惯
展示	根据不同小组板墙展示及说明，小组互评，并由教师点评	展示成果的同时，复述陈列展示组合形式要点

（四）任务评价（表2-18）

表2-18　任务评价表

评价内容	评价标准	分数		
		师评	互评	自评
活动完成情况	·色彩搭配和谐，板墙设计符合规范，效果良好 ·利用公式进行板墙组合，能准确说出设计概念			

三、课后作业

一个好的设计师都是从学习、借鉴、分析、研究开始，同学分小组进行市场调研，考察不同品牌的当季陈列板墙/橱窗并手绘下来，分析其特点，做成分析报告。

陈列色彩应用规律

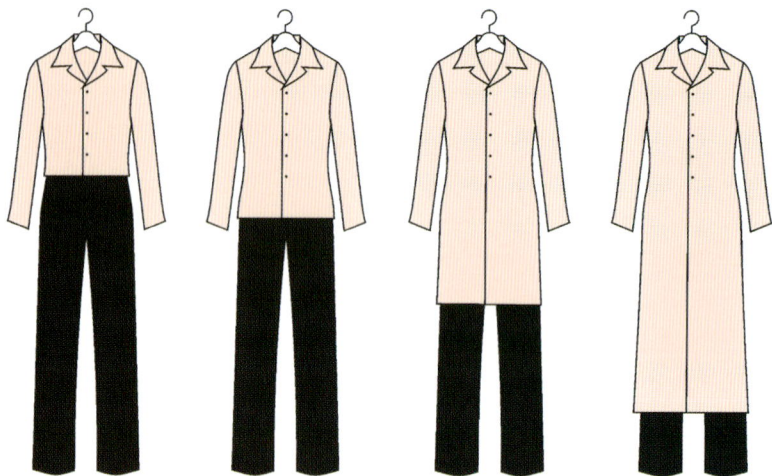

色彩是进入店铺的第一感觉

色彩"万有引力"——卖场造成空间、层次、重量感

营销管理推广——突出产品卖点，提供搭配方案

职业能力

· 能掌握陈列色彩应用规律。

· 能运用陈列色彩应用规律并完成卖场陈列。

核心概念

· 陈列色彩应用规律：渐变方式、彩虹方式、间隔方式、色块方式、对比方式。

一、基本知识

色彩是卖场的第一印象，好的色彩搭配胜过文字及图形传达。运用色彩组合变化是一种富有视觉冲击力的表现手法。卖场的色彩包括壁面色彩、地板色彩、道具色彩、服装色彩等，壁面、地板、道具色彩都是为服装色彩服务的，太强烈、太鲜艳的色彩往往会吸引眼球，同时也会夺取服装的吸引力。许多陈列师为了增加视觉冲击力会合理把握色彩的使用方法，运用标准色卡参考设计出简洁、精炼、和谐的视觉卖场。

（一）光与色

运用光影组合变化来提升卖场的魅力值也能体现陈列师的意念，是一种比较含蓄的表现手法。光在卖场中起到烘托氛围、活跃气氛的作用。灯光能提升服装的品位和格调，使卖场动感且韵律十足。光可以形成空间、改变空间或破坏空间，它直接影响顾客对服装外形、质地和色彩的感知。现代的卖场注重灯光的运用，在重点照明、气氛照明中都加强了灯光设计，对于光束的变化与灯具本身也做了大胆创新。

人们只有凭借着光才能看到物体的形状、色彩，有了光才有了人的色彩感觉，从而获得了对客观事物的认识。因此，色就是光刺激人的眼睛的视觉反应。各种物体由于大小不同、形状各异、质感差别等，所以其均具有选择性地吸收、反射、透射光的特性，而它所反射的色光即是该物体的固有色。

（二）卖场色彩运用原则

店铺的色彩很多，在实际运用中要充分考虑卖场的整体色彩规划与视觉感受，选择色彩的搭配与统一是卖场和谐的关键，要考虑以下四个原则。

（1）适时。指颜色要适合商品销售的季节。

（2）适品。指店铺的整体装修和颜色搭配与销售产品相协调，不应造成不和谐的感觉。

（3）适所。指店内的主色调应与店铺的整体装修风格相匹配，否则会影响整体和谐度。

（4）适人。指充分考虑颜色给人的舒适感及目标顾客群体的色彩喜好。

（三）卖场色彩搭配原则

有序的色彩搭配会使整个卖场主题鲜明，呈现井然有序的视觉效果和强烈的冲击力，使店铺散发勃勃生机。橱窗运用强烈的色彩搭配会吸引顾客停留驻足，可提升视觉效果，带给顾客强烈的心理冲击力。通常来讲，店铺的色彩搭配可以遵循以下几条原则。

（1）单色色块与印花色块相间隔，方便顾客区分产品。

（2）暗色与亮色相结合，突出重点产品。

（3）采用对比色和渐近色的手法创造视觉冲击力。

（4）陈列中要有主色调，要么为暖色调，要么为冷色调，不要平均对待各种颜色，这样更容易产生美感。

（5）暖色系与黑调和，冷色系与白调和。

（6）黑、白、灰、金、银为无彩色，能和一切颜色相配。

（7）每一个展区的颜色应当与相邻展区匹配，这样能使整个卖场充满和谐的氛围。

（8）在每个展区陈列不超过两种色调，而且它们应该是协调的。

（四）陈列色彩设计的规律（表2-19）

表2-19　陈列色彩设计规律表

陈列色彩设计规律	特点
按渐变方式 	是卖场常用的陈列手段之一，颜色灵动，富有层次与变化。在挂通、层板中使用渐变色彩陈列货品，由浅色过渡到深色，或者从一个颜色过渡到另一个颜色
按彩虹方式 	在卖场中大量使用有彩色，增加叠装、侧挂的货品数量及层次感。颜色与颜色之间富有自然的转折与过渡，不突兀也很自然。就像彩虹的颜色一样旋律感强，有冲击力
按间隔方式 	间隔方式是运用色彩与组合之间的变化营造出节奏感，间隔的数量、节奏按照一定的规律去实现。例如，在侧挂陈列中常根据色彩进行有规律的间隔（3+4、4+2、2+3及3+3等模式）
按色块方式 	将颜色的块看做一个单位，运用重复、色块大小对比、色块深浅变化、色块比例分配等技巧对陈列过程中的挂通、层板、货架、流水台进行色块组合。色块的陈列方式看起来规整、平稳、大气，画面富有规律和视觉稳定感

（五）陈列色彩设计应用

陈列色彩设计在实际应用中要根据卖场的货品搭配、装修风格、当季流行趋势等方面综合考虑，只有通过合理的颜色支配卖场视觉的感官才能更好地打开顾客的购买欲望。陈列色彩的陈列方式优劣决定了顾客对店铺的留存印象，为了使店铺看起来更整体、美观，视觉的一致与统一是服装陈列的中心思想。

（1）色彩面积、位置、比例变化（图2-27、图2-28）。

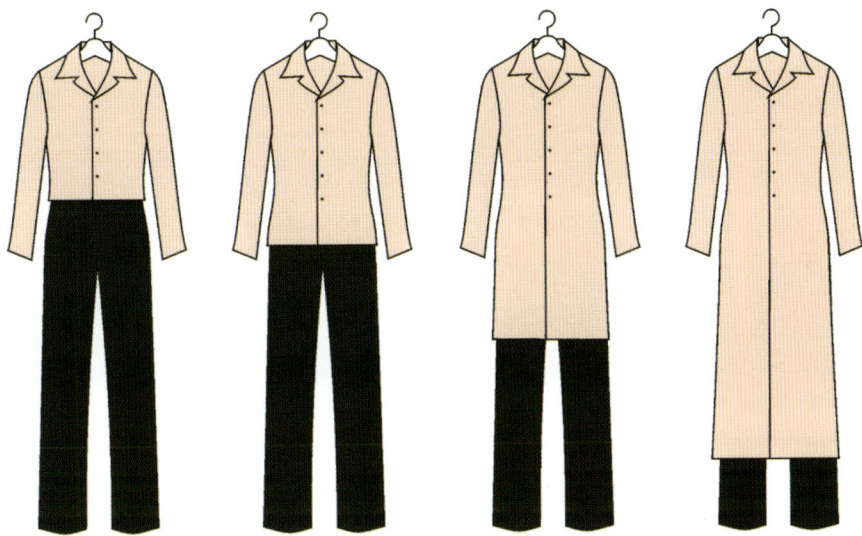

图2-27　色彩面积、位置、比例变化（一）

图2-28　色彩面积、位置、比例变化（二）

（2）服装款式的组合和节奏发生变化（图2-29、图2-30）。

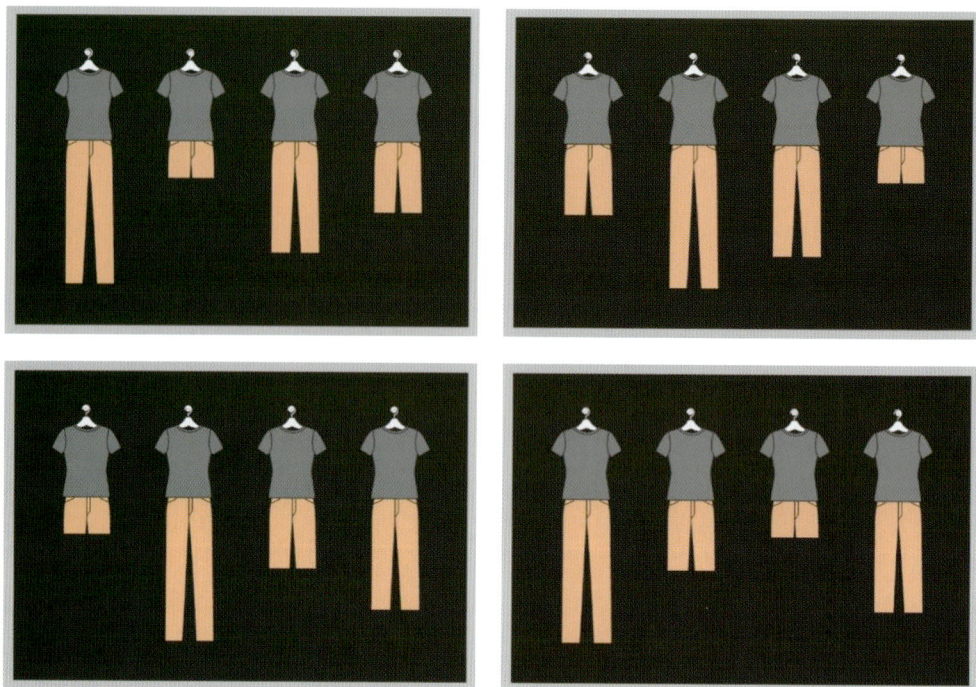

图2-29　服装款式的组合和节奏发生变化（一）

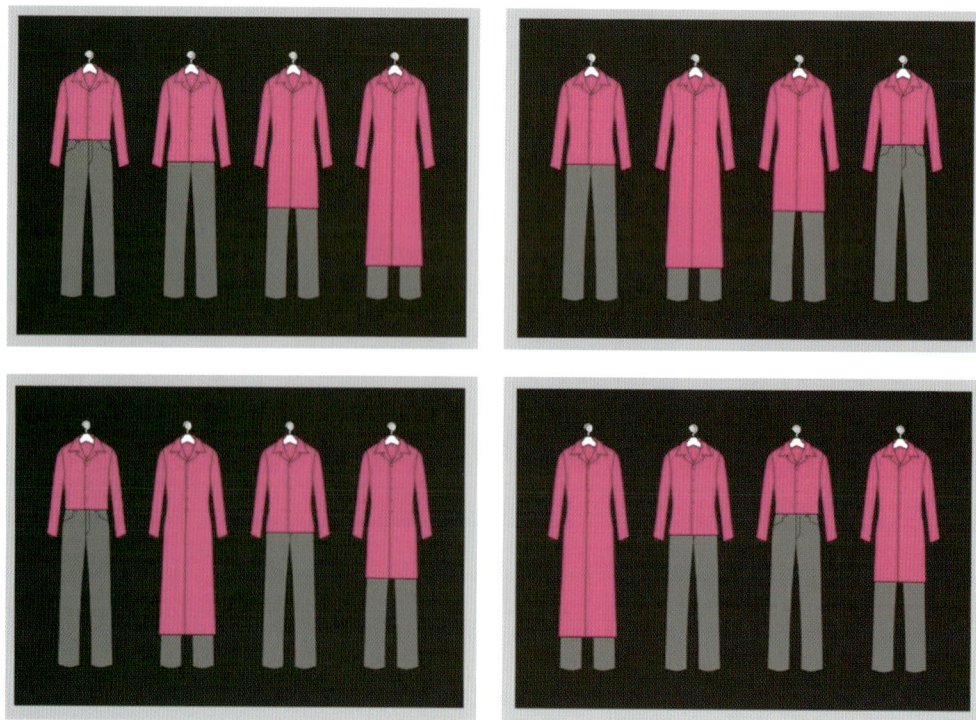

图2-30　服装款式的组合和节奏发生变化（二）

（3）色彩的深浅、形态发生变化（图2-31、图2-32所示）。

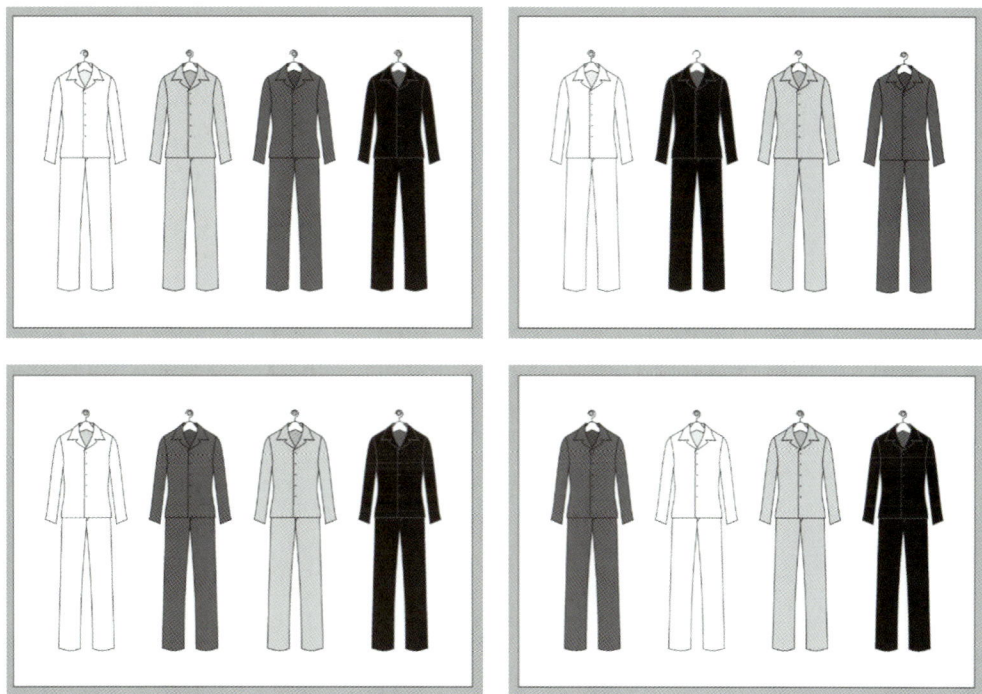

图2-31　色彩的深浅、形态发生变化（一）

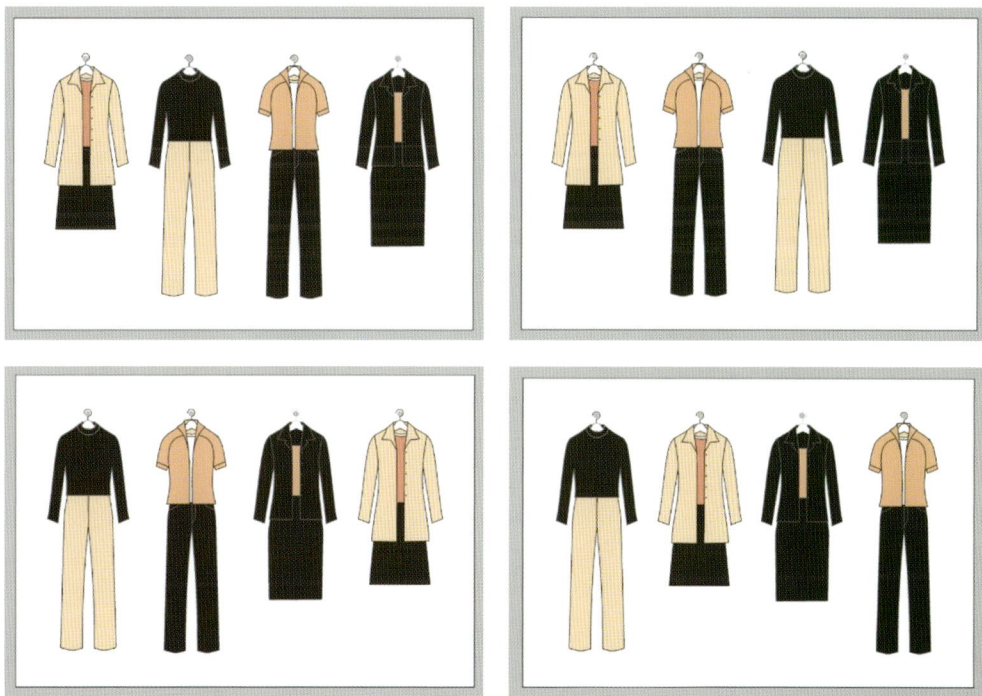

图2-32　色彩的深浅、形态发生变化（二）

二、任务设计

（一）任务主题

陈列色彩应用规律训练。

（二）任务条件

教学PPT、希沃教学一体机、陈列训练册、马克笔。

（三）任务组织

（1）运用所学的色彩规律与组合方式完成板墙的色彩练习。

（2）完成作业后进行色彩规律分析，并写下来。

（四）任务实施（表2-20）

表2-20　任务实施表

步骤	操作及说明	标准
设计	在草稿纸上进行色彩规律的设计	有实际操作的可能，能执行
实施	在训练册上定稿，确定使用的色彩规律方案	把握准确，内容与主题相符
完成	完成色彩方案并写下你的构思	表述准确、言简意赅

（五）任务评价（表2-21）

表2-21　任务评价表

评价内容	评价标准	分数		
		师评	自评	互评
活动完成情况	·手法准确，表达清晰，画面美观 ·色彩搭配丰富、有创意			

三、课后作业

利用近似色、渐变法完成图2-33的色彩练习。

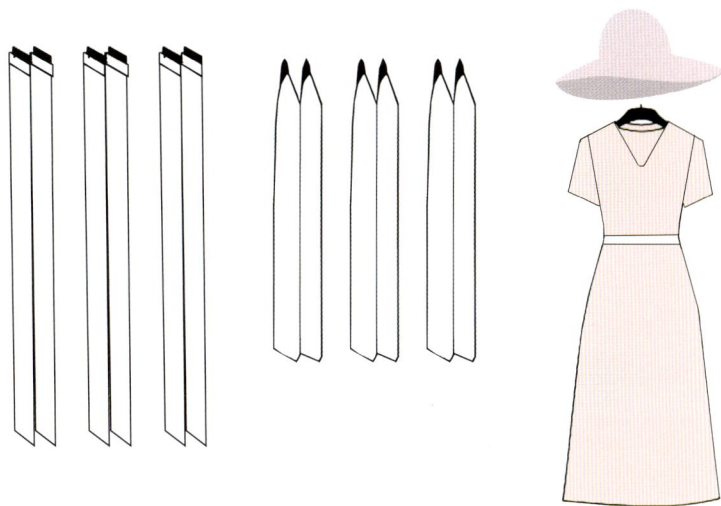

图2-33　色彩练习

参考文献

［1］郑琼华，于虹. 服装店铺商品陈列实务［M］. 北京：中国纺织出版社，2015.

［2］汪郑连，白静，胡燕. 服装陈列设计［M］. 北京：中国纺织出版社有限公司，2023.